원예치료

Horticultural Therapy

| 최 영 애 지음 |

학지사

오히려 나에게 사랑을

알게 해 준 웅수와 수희에게

머리말

이 책을 처음 쓰기 시작할 무렵, 자료에 필요한 책을 찾느라 서가를 서성이던 중 몇 해 전에 읽은 C. P. Snow의 『두 문화』(원제: The Two Cultures)라는 책이 새삼 눈에 띄었습니다. 인문과학과 자연과학이 상대의 특성을 이해하지 못한 나머지 서로를 발전적이지 않은 비판의 대상으로 삼고 있다는 논의는 그 당시 "책을 왜 쓰는가"라는 기본적인 문제에 대해 생각하던 저에게 좋은 자극이 되었습니다.

나는 왜 책을 쓰는가. 책을 쓰게 되는 사람이면 누구나 하게 되는 질문입니다. 누가 묻지 않더라도 자신 안에서 자연스럽게 나오는 질문일 것입니다. 이 책의 경우에는, 기존의 과학적 방법들 모두 나름대로 뛰어난 식견을 보이고 있었지만 항상 편향된 측면에서만 바라본다는 것에 아쉬움을 느껴 감히 시작하게 되었습니다. 대학에서의 강의와 임상의 현장에서 대상자들을 만나면서 느낀 점들은, 자연과학적 방법론을 강조한 나머지 몸과 마음으로 이루어진 인간이 결국 내면적 가치를 이루기 위해 살아간다는 간단한 점을 놓친 것이 아닌가 하는 생각이 든 것입니다. 이런 관점을 모두 포괄해 문제를 바라보는 방법으로 갈 수는 없을까 하고 시작한 것이 이 책입니다.

인문-자연과학 모두 나름대로의 눈과 방법으로 진리를 탐구해 가는 영역입니다. 그러나 자연과학에서 본 인문과학(보통, '과학'은 자연과학에만 사용하는 경향이 있습니다)은 실험도, 증명도 없는 말과 추론으로 세운 결론이고 반대로 인문과학에서 자연과학을 보면 의미, 가치 등의 중요한 개념들을 간과한 건조한 결과물이라는 편견을 갖고 있다고 보입니다. 이것은 서로의 특성과 본질을 이해하지 못한 까닭이라 생각합니다. 아인슈타인의 '공간'과 반 고흐의 '하늘'은 같은 하늘을 본 것이라는 것을 인정한다면 서로의 다른 점은 단지 관점이고 '하늘'은 결국 그 두 가지 모습을 다 통합해서 보아야 알 수 있지 않을까 하는 생각입니다. 원예치료에서도 마찬가지로 인간과 식물은 모두 생물임과 동시에 특히 우리 인간은 '마음'이라는 영역과 '가치, 성장, 치유'라는 개념을 추구하는 존재이기에 자연과학적 엄밀한 실험 · 증명의 관점과 눈에 보이지 않는 인문과학적 개념에 대한 설명이 동시에 이루어져야 한다는 생각은 그리 무리한 것이 아니라 생각합니다.

이 책은 기존의 연구들에게 있어서 아쉬웠던 점이 바로 이와 같은 것이라 보고 시도한 결과입니다. 비록, 서로 다른 두 가지 영역의 방법들을 다 수용하려는 벅찬 시도였던 까닭에 각각의 관점에서 본다면 부족한 면이 많겠지만 아직 성장의 초기 단계에 있는 학문으로서는 해 볼 만한 시도라 생각합니다. 저의 이 작은 시도가 다음의 연구에 미약하나마 작은 디딤돌이 되었으면 하는 소망입니다.

청산리 바닷가에서

최영애 씀

감사의 글

한 개인에게 주어진 시간 중 반을 훨씬 넘긴 이날까지 많은 사람들과 만나고 헤어지며 또 만나며 살아왔습니다. 이들 중 제게 기쁨으로 다가오는 이도 있었고 슬픔을 안겨준 이도 있었습니다.

이러한 반복 속에서 약간의 지혜로나마 기쁨으로 생의 넓이를 이루어가고 슬픔으로 그 깊이를 더해 간다는 것을 어렴풋이 깨닫게 되었으니 이 모든 이들이 제게는 다 소중한 존재들이었으며 이러매 자연은 어찌도 그리 많은 것을 품고 아우르며 그것을 '하나' 됨의 조화로써 이끌어 가는지 또 어떻게 그리도 의연한지를 조금 아주 조금이나마 느끼게 되었습니다.

이 책은 이러한 과정을 거친 후에 나오게 된 감사한 기회입니다.

제 인생 여정의 길목에서 만난 모든 분들께 머리 숙여 감사드리며 아동교육학자인 Dr. DeVries, 일본 건축가인 Ando Tadao, 인간과 자연의 관계를 새롭게 정립한 Dr. Relf에게서 많은 영향을 받았습니다.

그리고 이 미흡한 책을 흔쾌히 받아주신 학지사 김진환 사장님과 부족한 원고를 꼼꼼히 챙겨준 편집부 이세희 양께 감사드립니다.

마지막으로 이 책을 사서 눈과 마음과 손으로 책장을 넘김으로써

6 감사의 글

단순히 수많은 텍스트 중의 하나가 아닌 각자 안에서 살아 숨쉬는 그 무엇으로 만들어 주실 독자 여러분께 감사드립니다.

이 모든 것을 가능케 하신 하나님께
Thank You God Amen!

차 례

제1부 원예치료의 이해

제2부 원예치료의 적용

제1부

원예치료의 이해

제1장

원예치료에 대한 기본적 이해

1. 원예치료 이해를 위한 철학적 기초

원예치료의 철학적 기초는 인간과 식물의 생명요소는 서로 연결되어 있다는 기본적인 이해에서 출발한다. 간단하게는 물, 햇빛에서부터 먹이사슬의 메커니즘에 이르기까지 이것을 발견하기는 그리 어렵지 않다. 이것으로서, 식물과 인간은 각각 독립된 시스템(界)으로서 살아가는 것이 아니라 서로 긴밀히 연관되어 어느 한쪽만을 보고서는 제대로 알 수 없는 유기적 관계라는 이해가 철학적 기초의 핵심이다. 이러한 이해를 수용하는 관점을 명시적으로 제시하면 이른바 '생태론적' 관점이라 하겠다.

생태론적 관점은 그간 과학 전반과 '합리적 사고'의 근간이 되는 기계론이 풀어내지 못했던 현상들을 설명하려는 새로운 패러다임으로서 제시된 개념으로 소위 '동양적' 사고로는 그다지 낯설지 않을지 모르나 전체를 부분으로 나누는 분석적 성향의 '서구적' 관점으로는 상당히 새로운 시도로 평가된다.

"Cogito ergo sum(나는 생각한다, 고로 존재한다)". 이 유명한 구절은 이때까지의 과학과 서구적 의미의 합리적 - 분석적 사고의 근간을 이루는 핵심명제(데카르트에게 있어서는 '공리' 가 되는 제1원리)가 된다. 데카르트는 더 이상 의심할 수 없는, 너무나 확실한 원리를 찾으려 했고 이 흔들리지 않는 기초 위에 자신의 철학적 사유를 전개시키려 했다. 그 결과, '지금 이 순간 생각하고 있는 나' 는 내가 존재한다는 의심할 수 없는 증거가 되므로 그는 이것을 '제1원리' 라 하였고 이후의 사유는 이것을 기초로 전개되어 갔다. '나' 가 존재한다는 증거는 착각을 일으키기 쉬운 나의 '육체' 도 아니요 나에게 말을 거는 내 앞의 저 사람도 아니며 오직 지금 이 순간 이러한 생각을 하고 있는 나의 '정신' 인 것이다. 이러한 '정신' 앞에서 육체란 정신을 담고 정신의 조종을 받는 '자동인형' 일 뿐이다. 이러한 심-신 이원론 앞에서 인간의 육체는 태엽장치로 이루어진 시계에 비유하게 되고 이 비유는 다른 모든 사물의 구조를 설명하는 관점으로 사용되었다. 이로서 '전체' 는 각기 맡은 역할이 정해져 있는 '부분' 들로 이루어져 있고 이 부분들을 파악해 더하면 그것이 곧 전체라는 기계론적 관점이 완성되었다. 이러한 기계론적 관점으로 진행되어 온 과학은 많은 발견을 해내었다. 그리고 그 분석적 방법으로 미시세계의 탐구까지 이어졌고 결국 양자라는 단위까지 내려오게 되었다. 바로 여기에서 벽에 부딪히게 된다. 양자의 운동원리를 설명해 낼 수 없는 것이다. 그간의 관점으로 보자면 이는 매우 '불규칙한' 움직임이었다. 예측되지 않는 움직임은 그야말로 '랜덤(random)' 하게 보이는 것이었고 이러한 현상을 '카오스' 라는 말 이외에는 달리 할 말이 없었다. 이 끝내 풀리지 않는 현상 앞에서 비로소 패러다임의 변화가 진지하게 논의되기 시작했고 그 대안으로 제시된 것이 앞서 언급한 생태론적 관점—좀 더 전반적인 사고체계를 말하는 개념으로는 '시스템적 사고'(Capra, 1998)라 칭할 수 있는—인 것이다.

생태론적 관점은, 하나의 전체는 각 부분들의 '할당된' 역할의 결과가 아니라 서로 연결되어 따로 나누어서는 그 성질을 알 수 없는 '유기적' 관계로서 설명한다. 여러 크고 작은 태엽장치와 부속으로 이루어진 시계가 아니라 서로 짜여져 있는 그물의 망(網)이라는 비유로써 설명될 수 있다. 그물의 망은 시계의 부속처럼 따로 나누어 '부분'으로 나눌 수 없다. 그물은 수많은 격자 모양의 망들이 서로 맺어져 짜여져 있을 때에야 그물이 된다. 이 중 하나의 망이라도 따로 떼어놓는다면 이미 그것은 그물을 구성하던 망이 아니고 단순한 실 가닥에 지나지 않게 된다. 이것은 결국 그물의 '부분'이었던 성질을 잃는 만큼 기존의 의미로서의 '부분'이라 할 수도 없게 된다. 그물은 여러 개의 망이 '서로 연결'되어 있을 때에만 그물일 수 있고 바꾸어 말하면 각각의 '망'은 서로 연결되어 있을 때에만 그물의 망일 수 있는 것이다.

이와 같은 관점으로 "왜 인간의 문제를 식물을 이용해 해결하는가"라는 기본적인 물음에 대한 답변이 자연스럽게 도출된다. 하나의 '전체'를 구성하는 부분들은 서로 유기적으로 연결되어 있을 때에만 전체 속의 부분이 될 수 있으므로 자연이라는 틀 안에 살아가는 인간의 문제 역시 자연의 틀 안에 있는 다른 부분을 제외하고서는 제대로 해결할 수 없다는 결론이 나오게 되는 것이다. 인간과 식물은 각각의 메커니즘을 지닌 시스템으로 존재하는 것이 아닌, '자연'이라는 하나의 거대한 시스템 속의 일원이며 그러므로 인간에 대한 이해는 이것을 간과하고서는 완전할 수 없는 것이다. 이로써 자연(여기에서는 식물)과 인간의 관계를 이용한 치료라는 원예치료의 핵심은 그 논리적 근거와 더불어 당위성을 얻게 된다. 정복의 대상이라거나 인간에게 유용한 자원으로서가 아닌, 결국 우리의 삶, 활동이 지향하는 바가 바로 '자연' 이라는 것을 깨닫게 하는 것이다.

이후의 논의는 이러한 새로운 관점의 기초 위에 현실적인 문제들을 다루는 실제적인 방법론이 될 것이다. 우리가 수용한 새로운 관점과 이것에 대한 철학적 결론을 사변적 차원과 비유에서 그치지 않고 이것으로서 인간과 자연을 새로운 눈으로 바라보며 우리의 실제적인 문제들을 해쳐나가는 방법들에 대한 검토가 이루어 질 것이다.

2. 원예치료의 정의

'원예치료란 무엇인가' 에 대한 답을 한마디로 요약하기는 어렵다. 단일학문을 넘어서 여러 학문 간의 연계로 이루어진 학문에서 여러 관점과 방법론이 적용되다 보니 어느 한쪽만의 시각으로 바라볼 수 없기 때문이라는 것이 그 이유가 될 수 있다. 그러나 연구를 수행하거나 강의를 하고, 원예치료 프로그램을 디자인하고 실행하기 위해서는 원예치료의 정의를 분명히 하는 것이 매우 중요하다. 가장 기본적인 정의가 서로 이해될 때 그때 원예치료와 관련이 있는 사람들과 의사소통을 진행하기 위한 의미 공유를 할 수 있게 되어 발전적으로 나아갈 수 있기 때문이다. 이 책에서는 세 가지 관점을 중심으로 원예치료의 정의를 살펴보고자 한다.

첫째, 미국 원예치료 협회(American Horticultural Therapy Association, 1991)의 정의에 의하면 원예치료란 '사람의 사회적, 교육적, 심리적, 신체적 적응력을 향상시켜 몸과 마음과 영혼을 개선시키기 위해 식물과 원예활동을 이용하는 과정' 이라고 말한다.

둘째, 원예치료에 관한 연구가 활발하게 진행되고 있으며 최초로 대학원 과정에서 원예치료과정이 개설된 캔자스 주립대학(Kansas State University, 1996)의 정의에 따르면 원예치료란 '원예치료사에 의해 주도되는 식물을 이용하는 과정으로서, 사람들은 이 과정을 통해서 사회적, 심리적, 신체적 그리고 또는 교육적인 도움을 받게 된다' 고 말한다.

마지막으로 일본의 사회원예 학자인 Matsuo의 정의(Dr. Eisuke Matsuo, Professor of Horticulture, Kyushu University, Japan, 1997)에 따르면 원예치료를 '원예', '치료' 를 분리해서 정의를 도출해 내고 있다. 그가 주장하는 원예치료에서 '원예' 란 식물들이 성장하도록 돌보고, 이용자에 의해 돌보아진 식물의 모든 생산물을 이용하는 것과 관련된 일을 포함하는 식물 양육행동과 과정으로 정의된다. 또한 원예치료에서 '치료' 는 ① 전문적인 기술을 가진 훈련받은 치료사들이 ② 자연을 이해하고 ③ 어떤 의학치료가 필요하거나 복지기관의 도움을 필요로 하는 의뢰인 ④ 의뢰인의 상태와 증상을 이해하고 ⑤ 자료와 활동을 통한 중재를 이용하여 ⑥ 의뢰인의 정신상태와 신체적 상태(증상)를 증진시키도록 ⑦ 과정을 기록하고 결과를 평가한다 ⑧ 그 후 다음의 과정을 선택하여 위와 같은 순서를 따른다고 설명한다.

특별히 Matsuo는 자신의 정의에서 다른 정의들과는 달리 원예치료에서 사용되는 매개체를 '식물과 원예' 가 아닌 '원예' 만으로 한정을 하였다. 이러한 차이는 Matsuo(1998)가 구분한 인간 - 식물의 연관과 원예(양육을 포함하는 인간 - 식물의 연관)의 개념에서 식물과 원예가 구분되어진다고 설명하였기 때문이다.

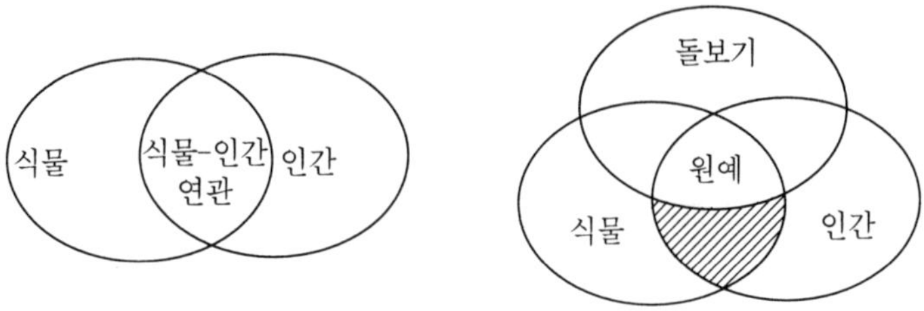

인간 – 식물의 연관과 원예

출처 : Matsuo(1998).

위의 표에서 보여주듯이 Matsuo는 식물을 돌보는 인간의 행위를 중요하게 생각하여 그것이 식물과 원예를 구분하는 기준으로 사용되었다. 따라서 그가 강조하는 식물을 양육하는 인간의 행위가 포함된 원예치료는 식물치료의 부분이며 원예치료 프로그램에서 나온 생산물이 치료를 목적으로 사용된다면 약초치료(Phytotherapy), 꽃치료, 향기치료, 꽃꽂이(Flower arrangement), 꽃 그림 그리기, 포푸리 만들기, 요리하기 등이 포함된다고 주장한다.

원예치료에서 이용하는 식물의 범위는 위 표에서 보여지는 아랫부분(빗금 부분)을 말하며 원예활동의 범위는 윗부분(원예)의 범위와 우리가 흔히 생각할 수 있는 정원이라는 공간에서 할 수 있는 모든 활동을 포함하고 있다.

위의 세 가지 정의들을 통합하여 생각해 본다면, 원예치료란 원예치료사와 문제해결의 도움을 받는 대상자가 식물과 원예활동을 매개체로 만나는 것이며 그 과정에서 원예치료사는 문제해결을 도와주기 위해 목적과 목표를 설정하여 원예활동을 준비해서 일련의 순서를 계획하게 된다. 그리고 대상자는 그 과정을 통과하면 문제해결, 즉 목적에 도달하게 됨을 말한다. 그러므로 원예치료란 '과정'[1]을 이야기하

1) 과정(Process): 발전하는 작업(Action)/상호작용(Interaction)의 순차적 진행 및 구

는 것이며, '과정'이란 문제의 인식, 프로그램의 수행 그리고 종결의 연속성을 말한다.

3. 원예치료의 역사적 배경

원예치료의 역사는 원예라는 개념이 형성되기 이전인 고대로부터 거슬러 올라가 찾아볼 수 있다. 정원이라는 개념의 시초를 성경에 언급된 에덴동산에서 찾는 것과 고대 메소포타미아 지방에서 발견된 점토판에 수천 가지의 약용식물이 정리되어 있는 것을 볼 때에 원예라는 개념이 뚜렷하게 정리되지는 않았지만 정원과 식물을 이용한 미학적, 의학적 효과는 오래전부터 연구되어 왔다고 할 수 있다. 치료라는 측면에서 보았을 때 정원은 자연이 제공하는 햇빛과 신선한 공기, 적당한 운동으로 건강 회복에 도움이 되며 고대 이집트 시대로부터 환자들을 정원에서 거닐거나 산책하게 함으로써 치료의 효과를 보았다

조적 조건의 변화로 그 기원을 찾아 올라갈 수 있는 변화로서 이를 도식화하면 다음과 같다(Corbin, J., & Strauss, A., 2001).

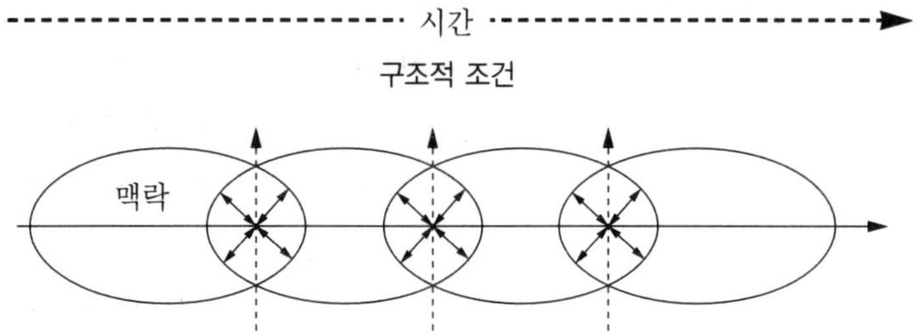

직선: 발전적 상호작용
원: 상호작용의 맥락
원의 중복: 흐름의 유지에 필요한 상호작용의 맥락과 조정 내에서 다양성을 변화시키는 조건, 연속성의 교차점

(손기철 외, 1997). 그러나 '원예'라는 단어의 확립과 치료의 연관은 대개 17세기부터 시작되고 있음을 문헌상으로 알 수 있다.

여기에서는 원예치료의 역사를 크게 세 시기로 분류해 보고자 한다.

1) 초기의 원예치료

원예치료의 역사는 원예라는 용어가 규명된 이래 점차로 학문으로서 자리를 잡아가면서 정리되기 시작했으며 현재 원예치료가 가장 활발하게 이루어지고 있는 미국에서의 원예치료는 1798년 필라델피아 지역(Institute of Medicine and Clinical Practice) 교수인 Benjamin Rush가, 뜰에서 일하는 정신병자 중 한 사람의 병세가 호전되는 것을 발견하고는 흙을 만지는 것이 정신질환자에게 치료효과가 있다고 발표한 것이 초기를 이루고 있다. 또한 1878년 미시간 주의 한 주립병원(Pontac)에서는 농경작업을 정신치료의 한 과목으로서 중요하게 다루었으며, 정신병원(Pennsylviania's Friends Asylum, 현재의 필라델피아 Friend Hospital)에서는 1879년에 역사상 처음으로 환자를 치료할 목적으로 유리온실을 지었다.

유럽에서도 농경활동이 치료효과가 있다는 기록이 17세기 말부터 있었는데, 1699년 영국의 Leonard Maeger라는 사람은 원예의 치료효과에 대해 보고하고 있다. 그는 「English Gardener」라는 농업관계 정기 간행물에서는 정원에 나가 땅을 파거나 풀을 베는 것이 건강을 유지하는 데 좋은 방법이 된다고 기술하고 있다.

1806년 스페인의 한 병원에서도 정신질환자에 대한 농경활동의 효과를 인정한 기록이 있고, 1800년대 초기에 북스코틀랜드의 Gregory라는 의사는 자기의 농장에서 정신병환자들에게 일을 시켜 보았더니 정신병 치유에 현저한 효과가 있었다고 보고했다. 한편, 1856년 영국에 있는 구호원(지금의 Herrison 병원전신)의 기록에 의해 원예치료의 초기 역사는 더욱 확실해지고 있다. 그 기록에 의하면 "낮에 남자들은 조경이나 동물의 사육 등 밖에서 활동하도록 할 것, 여자도 각자의 능력에 맞추어 활동에 참여하도록 할 것, 치료의 중점사항은 환자가 무엇인가에 전념할 수 있도록 해서 환자의 정신을 항상 활동할 수 있도록 하고 되도록 밖에서 일하도록 추진한다. 그래서 환자가 늘 기분이 좋고 사는 보람을 느끼도록 해야 한다."고 되어 있다. 그 후의 역사에서, 1867년 프로테스탄트 목사 중 한 사람은 간질병환자, 무연고자 등을 수용하는 시설 내에 농장을 만들어 그들에게 농사를 짓도록 한 사실이 있다. 그러나 이와 같은 일들도 농업기술이 발달하면서 기계화되고 경제성을 추구하게 되었고, 의학과 초기 심리학에 기반을 둔 근대적인 정신질환 치료법이 대두되었으며 경제성장과 도시의 확대에 따른 토지확보가 어려워지면서 원예 및 정원용지의 축소로 말미암아 20세기가 되기 전에 점차 사라지게 되었다.

2) 2차 세계 대전 후의 원예치료 형성기

2차 세계 대전 후 미국의 캘리포니아에 있는 한 병원(Long Beach Veterans Administration Hospitals)에서는 상이군인 중 과거 농업에 종사했던 사람들을 농업에 종사시킬 목적으로 농기구를 각 부상자가 쓰기에 편리하게 개조해서 훈련을 시키기 시작했는데, 이때 상이군인들을 치료하는 사람을 원예치료사라고 불렀다. 또한 자원봉사자나 주(州)가든 클럽의 국립협의회(National Council of State Garden Club) 회원들은 식물과 꽃과 정원에 관계되는 여러 가지 계획에 퇴역장병이 참가토록 노력함으로써 원예치료의 이용이 더욱더 활발해졌다. 그 후 1950년에는 미시간 주립대학에서 원예치료사 강좌가 개설

되었으며, 1955년에는 처음으로 원예치료 학사학위를 수여하게 되었다. 또 4년 후에 뉴욕대학의 메디컬 센터(Institute for Rehabilitative Medicine)에서는 뇌혈관 장애, 노동재해, 척추손상 등의 후유증 환자를 위한 온실을 건축함으로써 신체장애자를 위한 원예치료 이용의 새로운 국면을 맞이하게 되었다. 이 시설을 오늘날은 러스크 연구소(Rusk Institute)라고 하는데, 1991년 봄에는 실외 치료원도 설치했다.

한편 영국에서는 1930년대에 장애자에 대한 수용시설과 치료에 관한 법을 만들어 정신병환자를 병원농원에서 작업시킴으로써 전문치료사들이 양성되는 기반을 만들었다.

3) 원예치료의 성장기

1960년대는 미국의 많은 대학에서 원예치료라는 강의가 개설되었고 캔자스 주립대학에서는 1971년부터 대학원에서도 원예치료 교육을 실시하였고 '원예를 통한 치료와 재활을 위한 전국 협의회(NCTRH - National Council for Therapy and Rehabilitation through Horticulture)'를 결성했다. 그 후 1987년에는 미국 원예치료협회(American Horticultural Therapy Association; AHTA)로 변경하여 현재에 이르고 있다.

한편 유럽의 영국에서는 1960년부터 옥스퍼드에 있는 정형외과센터(Nuffield)에서 신체장애자들을 위한 정원치료 프로그램을 실시하였다. 이것은 다시 런던에 있는 병원(Atkinson Morely's)의 재활센터에서 노인병환자들을 위한 저 비용 정원이 고안되는 데까지 영향을 미쳤다. 1968년에는 정신장애 아동들을 위한 국민협회가 지방자치 단체의 후원을 받아 장애아동들을 2년간 실습농장에서 생활하게 하여 사회화 과정을 이수시켰다. 그 후 1978년에는 원예치료 및 농업훈련협회(Horticultural Therapy and Rural Training Association; H.T)가 탄생하여 오늘날과 같은 형태의 원예치료가 시작될 수 있는 계기를 마련하였다.

4. 원예의 정의와 범위

이 장에서 다룰 논의는, 원예치료에서 치료의 도구로서 사용되는 원예에 대해 정의를 내리고 범위에 대한 설명으로는 원예의 이용에 있어서 활용과 의미를 규정하는 것이다. 일반적으로 언급되는 원예의 정의를 포함한 다양한 측면에서의 설명은 원예치료에 적용될 수 있는 원예에 대한 이해에 큰 도움을 줄 수 있으며, 더 폭넓은 원예치료가 이루어질 수 있는 바탕을 제시하여 줄 것이다. 여기에서는 '원예' 에 대한 개념 정립을 위한 설명으로, 인간이 식물을 기르고 이용하는 다양한 행위를 포함하고 그것이 내포하고 있는 의미들을 중심으로 살펴보면 다음과 같다.

1) 원예의 정의

원예(Horticulture, 園藝)는 '정원(Garden)' 이라는 의미의 'Hortus' 와 '경작하다' 라는 의미의 'Cultura' 에 어원을 둔다. 여기에서 정원(Garden)이라는 단어는 성경기록에 의하면 인류 역사의 시작부터 인간 삶의 현장을 말하고 있음을 볼 수 있다.

'Garden of Eden' 에서 쓰이는 정원이라는 뜻의 단어를 히브리어로 된 성서가 처음 그리스어로 번역되었을 때, 'garden' 이라는 말은 '황홀함의 동산' 즉, 'paradeisos' 로 옮겨졌으며 그 뜻은 '둘러싸인 장소', 혹은 '낙원'이라고 표현하게 되었다. 낙원 즉 파라다이스는 모든 종류를 망라한 아름다운 꽃을 가진 정원이란 의미로 쓰이기도 하고 또 바빌로니아의 제왕들이 춘하추동 지역별로 궁성을 짓고 장엄한 성벽에 정원에 둘러싸이도록 만들고 그 안에 여러 가지 꽃과 과수를 키우고 짐승이나 다른 진귀한 물건을 모아놓기도 한 장소를 말했다(김종천, 1995).

또한 원시인들은 인공적인 언덕을 만들거나 혹은 큰 돌을 세우거나 놓음으로써 지구 경관에 최초로 인간의 의지를 나타냈고 불리한 외부 환경에 대처하기 위해 울타리를 두름으로써 정원의 역사는 시작되었다는 의견도 있다(장영선, 1997). 이런 뜻에서 어원상으로 보면 'garden'은 히브리어의 'gan'은 방어의 목적으로 울타리를 둘러쌓는 것을 의미하고 'eden'은 즐거움이나 쾌락을 뜻한다(Paulsen, 2002). 그래서 정원이란 살기에 좋고 즐거운 곳이 되게끔 울타리를 두른다는 의미도 갖게 된다.

이러한 뜻의 원예라는 용어는 17세기에 처음으로 문자화되었는데, 1678년에 처음으로 'horticulture'라는 영어로 표현되기 시작하였다. 또 좁은 의미의 원예라는 뜻으로 쓰이고 있는 'gardening'이란 말도 앵글로색슨계의 'gyrdan'이란 용어에서 유래되었으며 그것도 영어로 'enclose' 즉 '둘러싸임'을 의미하는 것이고, 그것을 동명사로 표시하여 '가드닝'이라는 용어가 성립되었다고 하니, 이것도 역시 정원에서의 가꾸기를 의미하는 뜻이 된다.

이때까지 원예라는 단어의 정의는 '인간의 식용 또는 미적 만족을 위하여 집약적으로 재배되어지는 식물에 관한 농업'이라고 말할 수 있다(김종천, 1997). 이렇듯 오랜 기간 동안 원예는 작물 생산의 역할에 초점이 맞춰진 과학과 기술의 맥락에서 연구되고 논의되었다(Tigchelaar & Foley, 1991). 그러나 점차로 사회가 복잡해지고 이에 따라 인간의 스트레스가 증가하면서 원예에서는 '인간'에 관련된 주제를 확대해서 보기 시작하였으며 그 결과 'Culture'라는 단어에서 사람에게 초점 맞추어진 부분을 살펴보게 되었다. 여기에서 'Culture'의 사전적 정의는 다음과 같은 뜻을 내포하고 있다.

① 토양의 경작
② 마음, 정서, 복지, 예의범절, 취미 등의 발달, 증진 또는 개선
③ 그 시대 사람들의 생각, 관습, 기술, 예술
④ 문명

이러한 'Culture'의 포괄적 뜻과 함께 'Hortus'를 결합하여 새로운 의미에서 개인, 공동체, 인류 문화에 초점이 맞추어진 원예를 정리해 보면 다음과 같다.

① 개개인의 마음, 정서, 복지, 예의범절, 취미 등의 발달, 증진 또는 개선을 도와주는 정원의 역할
② 인간공동체에 영향을 미치는 정원: 그 시대 사람들의 생각, 관습, 기술, 예술 즉, 인간공동체의 한 부분으로서 인간공동체가 기능하는 방법으로 영향을 미친다.
③ 인간의 문화와 문명에서 정원의 통합

따라서 원예의 포괄적 정의는 물리적인 식물의 재배 기술뿐만이 아니라, 개인, 공동체, 인류문명까지 확대되어 초점이 맞추어진 다양한 분야를 포함한다. 그러므로 다음과 같은 정의가 도출될 수 있다.

원예(Horticulture)란 '개인에게는 마음과 감정의 발달을 가져오고 공동체의 복지와 건강을 증진하며 현대문명 폭 안에 정원을 통합시키

는 결과를 가져오는 꽃, 과일, 채소, 교목, 관목을 재배하는 예술과 과학을 의미' 한다(Relf, 1992).

여기에서 말하는 예술은 과학이라는 단어의 의미가 자연과학을 말하고 있을 때, 인문사회과학을 의미하게 된다. 따라서 '문화' 의 해석에서 보여지듯이 원예의 범위는 물리적인 재배와 개인, 공동체, 나아가 인류 문명으로 확대되며 결과적으로 식물을 바라보는 모든 측면을 포함하고 있다. 다음의 표에서 이러한 이해에 도움을 얻을 수 있으며 원예의 넓은 범위를 식물의 개념지도와 연관지어 생각해 볼 수 있다.

식물을 바라보는 다양한 측면에 대한 개념지도

과학	연계	식물(식물에 대한 소개)
자연과학	논리/개관	생물과 무생물: 식물의 종류
	물리	식물의 부분들
	수학	식물의 부분들을 세기: 식물들에서 수
	공간	식물의 크기는 변화한다. 씨에서 완전히 성장한 식물까지
	생물	식물은 햇빛, 물, 토양, 그리고 공기를 필요로 한다.
	운동학	식물의 움직임. 빛을 향해 자라고 바람에 따라 구부러진다.
인문 사회과학	심리학	식물에 관한 느낌: 인간의 감각
	미학	
	언어	
	사회	벌과 꽃봉오리: 다른 사람들과 나누는 것
	경제	식물생산품: 음식, 옷
	역사	식물을 이용한 현대, 과거의 방법
	도덕	잡초의 우화: 식물돌보기
	사법	마당과 삼림에서 식물에 관한 규칙들

출처: Alta Vista Curriculum(1990).

위의 표에서 쓰고 있는 '과학' 이라는 단어는 '통합된 지식의 총체로서 자연의 변인을 발견하고 변인 간의 관계를 밝혀 설명하는 활동' (송인섭, 1997)이라고 정의할 수 있으며 이러한 포괄적인 관점을 이해할 때 '원예' 의 범위를 정확하게 인식하게 된다.

2) 원예의 개념적 위치 - 자연, 원예, 문화와의 관계

자연은 존재에 관한 분류적 개념으로서 존재, 세계, 우주 전체의 일부를 구성하는 인간 이외의 모든 것일 수 있다. 인도 유럽 언어권에서 이 낱말은 어떤 사물현상의 본질(essence)의 뜻으로 사용된다. 자연의 개념을 표상하는 한자 '自然' 이라는 단어는 원래 '스스로 그러한 것' 을 뜻한다. 역시 자연을 지칭하는 인도 유럽어 'nature' 라는 낱말의 어원적 의미는 '원초적, 태생적인 것' 을 뜻한다. 이러한 자연과 논리적으로 대립될 수 있는 개념은 문화라는 개념밖에 없다. 한자어인 '文化' 의 어원적 의미는 '스스로, 저절로' 가 아니라 인간에 의한 문자, 상징화에 의한 변형, 진보의 뜻을 함의하고 있다(박이문, 2001). 따라서 원예는 많은 측면에서 인간 밖의 힘을 지니고 조절할 수 없으며 야성적인 의미로서 자연과 인간이 처음부터 끝까지 통제하는 의미의 문화 사이의 중간적인 위치를 차지한다.

많은 사람들이 자연(nature) 또는 자연적인(natural)이란 용어를 인간에 의해 간섭되지 않았다는 의미가 담겨 있다고 여기지만 많은 나라에서 이와 같은 정의를 실생활에 적용시키는 것은 불가능하다. 예를 들어 황무지가 있는 지역조차 산림관리 활동, 화재방지를 위한 통제, 진입로 그리고 휴양 목적 추구를 만족하려는 자연적 쾌적함 때문에 개발 등의 영향을 받는다. 따라서 사람들에게 영향을 미치는 자연 또는 '자연 가까이' 의 역할은 거의 대부분 초목에 기원한다고 보지만 물과 야생동물들도 여러 측면에서 역할을 한다고 본다.

여기에서 환경심리학자들은 '자연 가까이' (near by nature)의 개념을 도입하였고, '자연 가까이' 라는 개념에서 초목은 꽃병에 꽂힌 장미 꽃봉오리부터 가까이에 있는 정원, 가로수, 동네공원, 식물이 심어진 안뜰이나 들판, 숲에 이르기까지의 모든 형태를 포함한다 (Kaplan, 1992).

3) 원예의 범위

'문화' 를 단순히 토양의 경작을 뜻하고 있는 것을 포함하여 사람에게 적용이 되는 의미까지 확대 해석을 하는 관점에서 원예는 식물과 인간을 포함시키는 넓고, 포괄적인 범위를 형성한다.

식물과 인간을 포함하는 원예의 범위

원예	식물	인간의 생존에 필수적인 산소, 식량, 의약 등과 같은 생산물과 삶의 질에 영향을 주는 여러 측면을 포함한다.
	인간	인간이 능동적으로 혹은 수동적으로 정원과 관계를 맺는 것은 개인, 공동체, 인류문화 모두에게 이익차원을 이끌어 낸다. 그 과정까지 포함한다.

(1) 원예에서 식물과 인간의 범위에 관한 개념지도

위의 표를 세부적인 개념 지도로 살펴보면 아래의 표와 같다.

이와 같이 원예치료에서 '원예' 의 범위는 자연과학, 인문 사회과학의 모든 측면을 포함하고 있다. 이러한 근거는 예방, 치료, 재활의 공간에서 적용되는 원예치료에서 더욱 의미 있게 이용될 수 있는 자료를 제공하게 된다.

원예에서 식물과 인간의 범위에 관한 개념지도

연계	식물 (식물에 대한 소개)	개인으로서의 인간 (자신과 타인에 대한 소개)	그룹 안에서의 인간 (우리 세계에서의 인간)
논리/개관	생물과 무생물: 식물의 종류	자아정체감	모든 종류의 인간
물리	식물의 부분들	개인의 몸: 인간의 감각	물리적 지리: 대륙과 해양
수학	식물의 부분들을 세기: 식물들에서 수	개인의 수들: 나이, 몸무게, 키	인구 밀도
공간	식물의 크기는 변화한다. 씨에서 완전히 성장한 식물까지	사람의 형태와 크기와 공간의 이용	집의 다른 형태들
생물	식물은 햇빛, 물, 토양, 그리고 공기를 필요로 한다.	좋은 음식, 휴식, 깨끗함, 물에 대한 욕구	음식의 다른 종류들
운동학	식물의 움직임. 빛을 향해 자라고 바람에 따라 구부러진다.	사람의 움직임: 운동	사람들이 여행하는 다른 방식들
심리학	식물에 관한 느낌: 인간의 감각	개인의 정서와 자아개념	사람들이 인사를 통해 그들의 느낌을 표현하는 다른 방식들(악수, 볼에 키스, 안기)
미학		시각예술에서 사람의 미학	미술과 음악의 다른 종류들
언어		사람 간의 커뮤니케이션: 말하고 듣기에 대한 학습	언어의 다른 종류들
사회	벌과 꽃봉오리: 다른 사람들과 나누는 것	개인적인 관계: 그룹 안에서의 개인	가족의 다른 종류들
경제	식물생산품: 음식, 옷	개인의 소유	직업의 다른 종류들
역사	식물을 이용한 현대, 과거의 방법	개인적인 역사: 성장과 발달	원주민들
도덕	잡초의 우화: 식물 돌보기	개인의 봉사: 사랑	다른 것들에서의 다름을 수용하기
사법	마당과 삼림에서 식물에 관한 규칙들	개인적인 규칙들: 권위	정부의 다른 종류들

출처: Alta Vista Curriculum(1990).

(2) 원예에서의 식물 이용

오래전, 인간이 농경마을에 정착하면서 생활필수품을 제공받기 위해 야생을 길들이고 재배하게 되었고 여기서 식물은 인간 생존에 중요한 자원으로서, 다양한 형태로 인간의 생활 속에 자리 잡게 되었다(김종천, 1997).

우리 생활에서 볼 수 있는 식물의 다양한 이용의 예는 우선 옷감으로 사용되는 형태를 볼 수 있고(Linen, coconut, pineapple), 옷감을 여러 색깔로 물들이는 염색, 사람들이 지니는 장식품으로서 다양한 열매로 만든 목걸이, 귀걸이, 코사지, 머리 핀, 팔지, 장식이 가미된 신발 등으로 머리끝에서 발끝까지의 모든 장신구를 만들어 사용하는 것을 볼 수 있다. 또한 글씨나 그림을 그릴 수 있는 재료를 공급하며, 흔들고 두드리는 악기종류, 아이들이 가지고 놀 수 있는 장난감인 블록이나 게임을 만들 수 있으며, 초, 혹은 땔감으로 제공하는 생활의 에너지를 제공한다. 인간이 움직이거나 이동할 때 사용하는 보트, 사냥을 하기 위한 도구 제작, 총과 같은 역할을 하는 도구, 낚시 등의 도구

다양한 열매로 만든 목걸이들

출처: The Royal Botanic Gardens Kew, Plants+People.

를 만들 수 있는 것에서도 찾아볼 수 있다.

사람들이 먹어서 에너지를 얻을 수 있는 식물들, 예를 들면 감자, 쌀, 옥수수, 콩 종류와 설탕, 양념들, 코코아, 커피를 얻을 수 있다. 사람들의 기분 조절까지도 담배와 양귀비를 이용해 가능하며, 비누, 샴푸, 나아가 우리가 질병에 걸렸을 때 치료할 수 있는 등 식물은 인간의 육체적, 정신적인 만족을 가져다준다.

이러한 원예의 확장된 정의를 이해하고 정당성을 주장하기 위해서는 원예학뿐 아니라 여러 학문분야－환경심리학(environmental psychology), 조경건축(landscape architecture), 사회생태학(social ecology), 인류학(anthropology), 사회학(sociology), 지리학(geography), 커뮤니케이션(communications) 그리고 임학(forestry)－와의 관계 속에서 이해되어야 하는 점을 인식해야 한다(Relf, 1992).

(3) 원예에서의 인간활동 범위

원예에서의 인간활동 범위를 Relf(1992)는 다음과 같이 개인, 공동체, 인류 문화로 나누어 설명하고 있다.

개인과 식물 개인과 식물에 대한 연구 결과들 중, 창문을 통해 보는 것과 관련된 한 연구의 결과가 흥미로운데, 외부 풍경을 볼 수 없는 사무실 직원은 창문이 있는 공간에서 일하는 직원들 보다 그들의 작업 공간을 자연 풍경처럼 장식하는 것을 더 즐긴다고 나타났다. 다른 연구에서는 나무나 꽃과 같은 자연 요소들로 이루어진 경치를 볼 수 있는 작업자들이 외부 경치를 볼 수 없거나 창을 통해 오직 인위적인 요소들만 볼 수 있는 다른 작업자들에 비해 작업에 대한 중압감을 비교적 적게 경험하고 직업에 대해 더욱 만족하며 창문에 대한 불평과 두통호소의 빈도가 낮다고 하였다.

창을 통해 보이는 초목 풍경이 지닌 건강과 관련된 유익은 여러 연구에서 증명되었는데, Moore(1982)는 가까이 있는 농장이나 숲의 풍경을 바라볼 수 있는 피수용자들이 교도소 안 뜰의 풍경만을 바라봐야 하는 사람들에 비해 의료적 진찰을 요구하는 증상들을 적게 보였다고 한다. 또한 West(1985)는 자연 경관을 볼 수 있는 입원 환자들은 건물과 교도소 벽을 보는 사람들보다 두통과 같은 스트레스 증상의 빈도가 낮음을 밝혔다.

Ulrich(1984)의 보고에 따르면 담낭 외과 수술 환자에 대한 한 연구에서 수술 후 회복기 동안 입원해 있으면서 벽만 보는 환자보다 나무가 있는 경치를 보는 환자들이 강한 진통제를 적게 사용하고 직원들에 대한 부정적 평가가 적었던 것으로 나타났다.

정리해 보면, 자연을 바라보는 것은 사람들이 의식적으로 알지 못하더라도 그들에게 적극적인 생리학적 영향을 끼치는데, 이들 효과에는 혈압을 낮추는 것, 근육의 긴장을 풀어주는 것, 그리고 피부가 자극에 덜 예민해지게 하는 것 등이 포함된다. 또한 창문을 통해 바라보는 것도 의료적 치료의 요구를 감소시키는 것으로 나와 있다. 이와 같이 자연을 바라볼 수 있다는 것은 사람들이 그것을 인지하고 있지 않더라도 일하는 사람들에게 만족을 가져다주는 역할을 한다는 것을 보여주고 있다.

또 다른 연구(Kaplan, 1973)에 의하면 적당한 형상의 초목(식물에 대한 인간의 반응에 관한 지식에 기초하여 원예학적으로 적절히 구성된 풍경)은 사람들에게 긍정적인 생리적 영향을 주고 있다는 것을 밝혔다(75쪽의 '개인의 환경 지각에 대한 선호도' 참조할 것).

사람들은 능동적이던 수동적이던 간에 자연체험, 정원 가꾸기를 통해서 각자의 심적, 육체적 건강에 대한 식물의 가치를 더 높일 수 있을 것이다.

공동체와 식물 공동체는 아주 근접해서 살고 있고 비슷한 관심사와 가치를 공유하고 있는 보통 사람의 집단으로 정의한다. 공동체는 사람들의 집단 형성으로부터 성립되며, 예를 들면 퇴직자 마을, 학교, 사무실단지, 주택단지 등이 공동체로 언급될 수 있다. 이러한 '공동체' 는 이웃과의 친밀한 교제로 유지되어 간다.

여기서 식물은 건강한 공동체의 발전에 세 가지의 방법으로 중요한 역할을 한다.

첫째, 사람들로 하여금 공동체의 일부라는 자부심을 갖도록 물리적 조건이나 모습을 갖추도록 해 주고 공동체의 경제적, 사회적 상태를 높여준다.

둘째, 가치와 관심사를 함께 나누고, 우호적인 단체와의 교류를 통해 공동체 내에서의 변화에 대하여 각 개인이 조절력과 책임감을 갖는 능력을 갖추게 되는 효과가 나타나며, 발전된 협력으로 인도하는 공약을 함께 나누는 기회를 제공한다.

셋째, 생활하고 일하기에 물리적으로 편안한 환경을 만들어준다.

한 지역의 물리적인 상태는 그것이 이웃간이건 사무실 단지 이건 간에 그 지역 자체가 갖는 가치의 척도를 나타내며 그 지역 내에 있는 개개인의 가치를 나타내 보이고 그 가치를 외부인에게 보여준다. 예를 들면 어떤 지역이 황폐하거나 파괴되어 있거나, 혹은 쓰레기더미인 빈 땅이거나 철재와 콘크리트들이 나뒹군다면 이것은 그 땅의 책임자들이 땅이나 그곳 사람들에게 가치를 두고 있지 않다는 느낌을 보는 사람들에게 주게 된다.

공동체에 있어서 식물이 하는 역할은 크게 세 가지로 나누어 볼 수 있는데, 긍정적 공동체 분위기의 창조, 공동체 가치의 공유, 긍정적인 물리적 환경의 제공이 그것이다.

① 긍정적 공동체 분위기의 창조

• 환경적 선호와 지각

연구에 의하면 사람들은 도시의 빌딩이나 인공적인 물체를 보는 것보다는 자연을 바라보는 것을 선호한다. 도시 풍경 중에서도 식물이 있는 풍경을 선호하는데, 환경 지각에 대한 연구를 통하여 식물을 선호하도록 만들어 주는 요소에 대해 자세히 알 수 있다.

도시공원 중에서 가장 선호하는 모습은 나무가 있고 숲이 우거지고, 물이 있고, 유지가 잘 되고 있으며 평화롭고 조용한 곳이라고 조사되었고, 마당이나 가로수 역시 주거지역의 미적인 질을 높여주는데 효과적이라고 밝혀졌다.

• 이웃 만족도

Fried(1982)는 지역적인 거주 만족도에 대한 가장 중요한 척도는 자연에의 접근 용이성이며, 이것이 생활 만족에 가장 중요한 요소라고 발표했다. 또한 주변 지역에 자연요소가 있다는 것은 이웃 간의 만족에 많은 영향을 미친다고 밝혔다.

다른 연구에서는 미국의 디트로이트 시 거주자에 대한 설문 조사 결과 시(市)가 제공하는 서비스로 인지하는 가치 중에서 공원과 가로수가 교육적인 여건 바로 다음이라는 것을 보여준다. 이렇듯 공원과 가로수는 사람들이 살 장소를 선택하고 이웃과의 주거의 만족을 결정하는데 중요한 요소가 된다.

• 경제적 가치

사람들은 분명히 자기의 가까운 주변에 많은 식물을 갖기 위해 기꺼이 돈을 지불하는데, 주거 자산의 가치는 도시 공원과 그린벨트에의 근접성에 의해 높아질 수 있다. 입증되지는 않았지만 전문 감정사의 감정가에 따르면 주거 지역에 나무가 있는 경우 값이 더 나가며, 같은 나무 점유율일지라도 나무가 집중적으로 배치되어 있는 것보다는 분산되어 있는 경우 값이 더 나간다고 한다.

② 공동체 가치의 공유

가치를 함께 나누는 하나의 공동체가 된다는 것은 공동체 구성원 모두가 관심 있는 한 가지 주제에 대해 적극적으로 참여할 때 만들어진다.

공동체 정신의학자인 Matthew Dumont는 도시 거주자의 심적 정신 건강 요구를 통해 도시를 이해하려고 했다. 도시 거주자들은 일상의 단조로움을 깨기 위해 자극에 대한 욕구가 있으며, 공동체의 감정을 느끼기를 원한다고 주장한다. 공동체의 감정은 사람들이 함께 살기를 강요받아 발생하는 것이 아니라 어떤 자발적인 행위, 이를테면 정원을 꾸미는 것 등과 같은 것으로부터 발생한다고 했으며, 다른 하나는 환경에 대한 주체의식으로서 이것은 그들로 하여금 생활을 압도하는 기계 문명 속에서 자신이 고립되어 있는 것이 아니라는 것을 확신시켜 준다고 주장하고 있다. 결국 공동으로 정원 가꾸기와 조경, 나무심기 등은 이 모든 요구들이 만날 수 있는 훌륭한 여건을 제공하는 것이다.

도시에서 진행되는 나무 심기 프로그램에서도 나무 생존에는 생물학적 요소보다는 사회적 요소가 훨씬 중요하게 작용한다. 공공의 나무심기 작업에서 공동체의 성립이나 구성원이 함께 참여하는 계획이 결여된 경우, 지원이 없게 되고 그 수고가 와해되는 행동이 뒤따르게 된다. 예를 들면 한 도시의 나무 심기 프로그램에서 공무원들이 20,000그루의 나무를 심기로 결정을 했다면 2년 후에는 그들 중 몇 그루가 남지 않게 된다. 그러나 Ames에 의하면, 나무심기에서부터 유지관리까지 시작단계부터 공동체의 참여가 있는 경우에는 나무의 생존율이 증가되며 참여자들 사이의 공동체 의식이 증진되고 적극적인 사회적 동질감을 높여준다. 또한 이웃 간의 동질성을 높여주며 이웃에 대한 개인적인 욕구의 자제를 유도하는 등의 많은 복지적인 결과를 얻게 된다.

이러한 공동체 가치의 공유에 작용하는 식물의 역할은 공동체의 중요한 구성원인 아동들에게도 큰 역할을 하게 된다. 아동들은 그들만의 독특한 조망으로 환경을 인식함으로써 식물의 역할이 다른 연령층과는 다르게 나타난다. 현재까지의 연구들은 아동들이 어떻게 그들의 환경을 인식하고 경험하는가를 아는 것에 초점을 맞추어 왔는데, 또 다른 연구들에서는 다른 연령층에서 인지의 차이점에 대해 기술하기도 하였다.

Eberbach(1992)는 초등학교 아동들과 그들의 정원에 대한 예술적 표현에 대한 아동들과 정원에 대한 연구에서 세 가지로 관찰한 것을 보고하였다.

첫째, 아동들은 정원이 무엇인지 이해하며 미적인 선호를 갖고 있다.

19%의 아동들이 그들의 정원에서 과일이나 야채와 같은 기능성 식물만을 예로 들었으나, 47%는 미적 목적의 장식용 식물을 꼽았다.

둘째, 정원에 대한 지각은 아동의 인지 발달로 인하여 다듬어진다.

정원에 대한 아동의 개념은 소수의 환경적 요소들(나무, 흙)에 국한되어 있으나, 좀 더 연령이 높은 아동들은 정원을 사람, 길, 연장, 동물 등을 포함하는 큰 그림과 연계시켰다. 이러한 지각들은 아동의 인지나 발달 수준의 기능으로 이해된다.

셋째, 활동은 정원과 그 안에서 사람의 위치를 이해하는 데 이용된다.

아동들의 그림에는 활동을 암시하는 요소들인 길, 다리, 그네, 연장 등이 집중되어 있다. 정원에서 이러한 요소들을 만지고 상호작용을 하는 것은 아동이 경험으로 얻을 수 있는 것들의 가치에 필수적인 것이다.

자신의 주변 환경을 이해하고 반응하려는 아동의 욕구를 채우기 위해 정원이나 자연환경을 만드는 일은 아동들에게 호기심을 북돋아 주고 학습에 대한 동기유발을 해 주는 분위기를 제공해 준다.

③ 긍정적인 물리적 환경의 제공

식물은 공기를 맑게 하고 그늘이나 바람 차단 등을 통해 온도를 조절해 주며 눈부심이나 소음을 감소시킨다. 또한 보기 싫은 전경을 가려주며 상대 습도를 증가시켜 줌으로써 그 안에서 생활하고 일하기에 안락하고 긍정적인 물리적 환경을 제공한다.

Herrington(1980)은 식물이 태양광선이나 원적외선의 온도와 같은 영향을 조절해 줌으로써 쾌적한 환경을 제공한다고 발표하였다. 한편으로 심리적인 요소들, 예를 들면 특정한 환경조건에 대한 기대와 요구와 같은 요소들은 온도가 주는 영향보다 안락함을 느끼는 데에 더 큰 영향을 미친다.

정리하면, 식물이 긍정적이고 공동체적인 분위기를 조성하는 정도의 크기는 사람들의 식물에 대한 인식과 선호도 및 자기들 주변에 식물을 두기 위한 경제적인 투자로 측정할 수 있다. 또한 식물이 있는 풍경은 없는 것 보다 훨씬 선호되며 식물은 이웃 간의 만족에 중요한 역할을 한다. 그리고 식물의 적절한 관리 또한 식물에 대한 긍정적인 인식의 한 요소인데, 사람들은 나무심기나 단체 조경, 미화작업 등을 함께 함으로써 서로를 알게 되고, 따라서 그들 환경에 대한 애타심과 책임감을 갖고 함께 있는 주민들과 진정한 공동체를 형성하게 된다.

이러한 식물이 사회 문화적인 혜택을 제공하는 것에 더하여 식물은 온도나 소음, 공해 같은 환경적인 요소들을 중화하는 데 중요한 역할을 담당한다.

인류문화와 식물 식물은 전통적으로 식량생산과 연관되어 왔고, 식량의 단순 채집에서 농업적 재배로의 전환이 문명의 진화에 핵심적인 열쇠가 된 것으로 여겨진다. 식물이 우리 문화에 끼친 영향으로 고려해야 할 또 다른 관점은 식물의 가치를 의복이나, 보호 수단, 약이나 다른 경제적인 상품의 수단으로서 인식하는 것이다. 이것은 "농업혁명의 최종 결과는 인류 조건에의 근본적인 변화였다. 인간과 농업 수확물, 사육 짐승들 간의 상호작용은 유전적인 운명의 용해를 낳았다. 풍부한 식량은 선택의 압박으로부터 혹은 인간 진화의 선택에 변화를 가져다주었다." 라고 밝힌 Jules Janick(1992)의 말과 같이 식물이나 동물을 길들이는 것은 똑같이 그것들의 진화에 중요한 영향을 미친 것으로 볼 수 있는 것이다.

그러나 우리 문화에 있어서 식물의 역할에 대한 이해는 근본적인 물리적, 경제적 요구와의 결부로만 국한될 수는 없다. 따라서 사회학자, 인류학자, 예술가, 역사학자 및 다른 전문가들은 우리 인간성을 더 잘 이해하기 위해 사람, 식물 간의 관계를 탐구하고 있다.

비록 연구가 제한적이기는 하지만, 인류 문화에서 식물의 역할을 이해하기 위해 다양한 연구들이 이루어지고 있는데, 그중 하나가 식물이 우리의 탄생에서 죽음에 이르기까지 의식의 중요한 요소라는 점이다. 이것은 축하행사나 장례행사에 식물이 널리 보급되었음에도 불구하고, 식물의 역할에 대한 의미는 이해가 부족하다는 것을 제기하면서 최근 식물을 축하나 의식의 요소로 사용할 때 어떤 값어치가 있으며, 어떻게 해석되는가에 대한 결과물들을 발표하고 있다. 예를 들면 크리스마스도 식물이 있을 때 더욱 의미가 있고 즐거웠다고 조사되었다. 그리고 Shanidar 동굴에 있는 네안데르탈인의 무덤에서 여러 가지 꽃가루가 발견되므로 꽃은 인류 초기에 장례의식에서 중요한 요소였고 슬픔을 진정시키는 데 도움이 되는 안정과 따스함을 느끼게 함으로 그 역할을 한 것을 들 수 있다.

이와 더불어 우리의 전통과 축하의식을 통하여 문화적 영속성을 제공하는 것 이외에도, 식물은 우리의 철학과 정밀 예술의 진보에도 연결되어 있다는 것을 보여주는데, 르네상스 시대의 이탈리아 궁정 정원은 "사람을 개화시키는 과제의 수사적인 목적"을 달성하기 위한 의도된 요소들을 지니고 있었다고 주장하는 것이 그것이다. 즉, 전시된 정원은 진보하는 수사학(rhetoric-말이나 글을 아름답고 정연하게 꾸미고 다듬는 학문)의 영향을 강화하기 위해 감동을 주려는 의도로 조성되었다는 설명이다. 여기서 전시된 정원은 풍부한 시각적인 이미지를 심어 주면서 형식적 교육보다 상징적 의미를 보다 쉽게 설득할 수 있으며 우리들의 안식처인 자연에 돌아올 때 우리들의 본성을 재발견하게 됨을 알게 해 준다.

또한 Levi(1984)는 고대부터 현대에 이르는 동안 철학, 문학, 예술에 반영된 자연적인 환경과 도시적인 환경 간의 관계에 대해 연구했으며 이 관계는 인류 경험에서 근본적인 변화를 나타낸다고 주장했다. 그에 따르면 전원 풍경은 더 이상 감정적 개입이나 감각적 즐거움의 매개물이 아니며 현대의 산업적, 기술적 목적물들과 삶의 양식은 자연보다 인간에게 더 영향을 끼치고 있고 그러한 결과들이 현재의 관점, 가치, 인지 양식에서 보여지고 있다고 밝혔다.

다른 측면에서 본 식물과 인류 문화에 대한 연구 중 하나는 자연과의 교감을 통한 정신적인 면이다. Schroeder(1991)는 인간의 영혼 기능 중 예술, 음악, 시 그리고 정신적인 현상의 영역에 가까운 직관적인 면과 자연과의 교감을 "영적인"이라고 표현하였는데 "영적인"이라는 용어는 '자기 자신에 대한 각자의 감각을 초월하거나 자기의 생애에 지적인 면보다도 더 깊은 수준으로 의미를 주는 다른 것과의 연관 또는 접촉을 통한 경험'이라고 설명하였다.

Jung의 심층심리학적 개념 연구에 의하면 정신적이라는 용어는 인지 또는 의식적인 자아의 통제를 벗어난 무의식적인 마음에 대한 것으로 Schroeder는 Jung에 대한 연구를 토대로 원형(Archetypes)을 자연에 적용할 것을 주장했다. 원형이란 모든 인간에게 공통인 행동, 감정, 심상의 기본적이고 본능적인 양상이다.

자연의 정신적인 중요성을 규정하고 이해하기 위해서는 원형의 반응을 찾기 위한 다양한 문화의 신학, 문학, 종교적 관습, 예술로 눈을 돌려야 한다. 이러한 연구를 통해서 우리는 나무와 관련된 전통, 예를 들면 "세계의 나무"(World Tree), "생명의 나무"(Tree of Life), "신성한 작은 숲"과 인간성의 기원으로서 정원과 관련된 상징성까지도 규명할 수 있다. Jung은 그의 환자들에 대한 심리 분석을 통해 얻어진 몇 가지 원형을 기술하고 있다. Schroeder가 가장 적절하게 평가하는 세 가지는 다음과 같다. 첫째, 위대한 어머니상(Great Mother)으로써 자연에 투영되고 모성의 자연(Mother Nature)으로 상징되는 위대한 어머니는 능동적이고 양육하는 면과 부정적이고 파괴적인 면을 함께 가지고 있다. 둘째, 아니마(Anima)는 남자의 개성이 무의식적이고 여성적인 측면으로 간주되며 생활 속에서 창조적이고 본능적이며 정신적인 면과 연관이 있다. 셋째, 자기(self)는 완전한 것을 향한 움직임의 표현이며 독특하고 종합된 개성의 표현이다. 이들 원형들에 대한 이해 및 이들이 어떻게 우리 문화를 통해 발전해 왔으며 자연에 투영된 것을 어떻게 해석해 왔는가에 대한 이해를 하는 것은 인간과 식물의 상호작용을 탐구하는 데 있어서 매우 중요한 요소가 된다.

정리하면, 문명의 발달에 있어서 식물의 영향은 음식, 섬유, 의약 등에 국한되지 않고 식물의 재배와 동물의 사육이 총체적으로 인류 문화에 커다란 변화를 가져다주었다는 데에서 찾을 수 있다. 그리고 이들 경작 활동은 우리의 민속, 문학, 예술 등에 반영된 것처럼 지적, 정신학적, 사회학적으로 영향을 미치는 결과를 가져다주었으며, 식물과 정원은 철학자에게는 반성의 안식처로서, 실습과 실험을 통해 배우려는 사람들에게는 선생으로서, 그리고 예술가와 시인에게는 선과 악의 영감과 상징의 근원으로 사용되어 왔다.

식물과 자연은 인간의 무의식적인 마음속에 엮여 있으며 정신을 새롭게 하는 원천으로 작용한다. 이와 같이 문학, 예술, 음악, 의학 그리고 전해져 내려오는 요리책을 예로 들어 알 수 있듯이 무수한 방법으로 식물은 인류 문화와 만나고 있다.

또한 정원은 서구문명의 역사와 전통 흐름 중 변화의 중추적인 위치에서 나타난다. 성경 기록에 나오는 에덴동산(Garden of Eden)은 인류 역사의 시작을 상징하고 있으며 겟세마네 동산(Garden of Getesemane)은 예수 부활의 무대가 되었다. 예수는 B.C.와 A.D.를 가르는 기준이 되었고 이후 중세시대의 수도원 정원(Monastic Garden)은 르네상스를 이끄는 통로가 되었다. 이와 같은 사실은 역사의 시작과 변화의 의미를 인식하고 우리들에게 시간 속의 위치를 알 수 있는 근거를 제시하는 역할도 하고 있다.

5. 치료의 정의와 범위

원예치료에 있어서 치료를 살펴보기 위하여, 우선 일반적으로 적용되는 치료의 사전적 정의를 보면 '병이나 상처를 다스려서 낫게 함'으로 내려지고 있다. 즉, 인간이 지니고 있는 신체적, 정신적 병리적인 증상에 대하여 그것을 개선시켜 정상적인 기능을 할 수 있는 상태로 나아가도록 가해지는 행위를 '치료'라고 본다. 여기에서 치료가 이루어지는 범위는 크게 두 가지로 나눌 수 있는데, 하나는 생물학적인 치료이고, 다른 하나는 심리치료이다.

생물학적인 치료에는 약물, 외과적 수술 등의 방법이 사용될 수 있다. 예를 들면, 정신적인 병리에 대해 접근하는 생물학적인 치료 중 약물 치료는 흔히 알려져 있는 항우울제나 항불안제, 항정신성 약물 등이 있다. 그리고 외과적 수술이 이루어지는 형태의 예는 극도의 강박장애나 심각한 우울증 등을 지닌 사람들에게 뇌의 수술을 통해 그 증상을 완화시키는 방법 등이 있다. 이러한 생물학적인 접근은 신체의 여러 계통에 직접적인 변화를 일으키는 것으로 의학에서 질병을 치료하는 고전적인 방법이다. 그러나 정신적인 질병에 대한 치료로서의 생물학적인 접근은 여러 부작용을 나타낸다(Gleitman, 1999).

이와는 다른 방법으로 제안된 심리치료는 특히 정신질환의 측면에서 생물학적인 방법보다는 심리학적인 방법으로 다루어 나가려는 시도들을 통틀어 지칭하는 것으로, 현재에는 정신 질환뿐만이 아니라 신체적인 질환에 대한 치료의 한 부분으로 사용되기 시작하여 광범위하게 받아들여지고 있는 치료의 범위이다.

1) 원예치료에서 치료의 정의

사람의 신체적, 정신적 병리를 개선시키는 방법으로서의 원예치료에서 '치료(therapy)'는 생물학적인 방법으로 이루어지는 치료를 제외한 부분으로, 정의를 내리자면 '약물이나 수술 없이 이루어지는 몸과 마음의 질병에 대한 처치'이다. 즉, 넓은 범위에서의 심리치료(Psychotherapy)를 치료의 바탕으로 삼고 있는 것이 원예치료에서의 치료의 정의인데, 그것을 간략하게 살펴보면 다음의 그림과 같다.

여기에서 심리치료라 함은 단지 정신 질환에만 적용되는 심리 상담의 치료뿐만이 아니라, 신체의 질병에 대해서도 사용되는 넓은 범위의 심리 치료를 말하며, 이것은 인간에 대한 심리학적인 이해를 바탕으로 한 치료적 개입으로서 인간의 생애 전반에 걸쳐 일어나는 정상적인 발달을 도와주는 측면을 포함한다. 이러한 심리치료 중에서 신체의 질병에서 사용되는 심리 치료에 대한 예를 들자면, 암 환자들에 적용되는 치료를 들 수 있다. 현재까지의 연구 결과들을 바탕으로 밝혀진 암 발병은 생물 심리사회적 요인들의 상호작용에 기인한 결과로 나타났다. 유전적인 요인이 많은 유형의 암 발병에 영향을 미치며, 어떤 암은 생활양식 및 인종적 요인과 관련되는 것으로 밝혀졌으며, 고지방식, 일광욕, 흡연, 알코올 소비 및 앉아 있는 생활양식과 같은 요

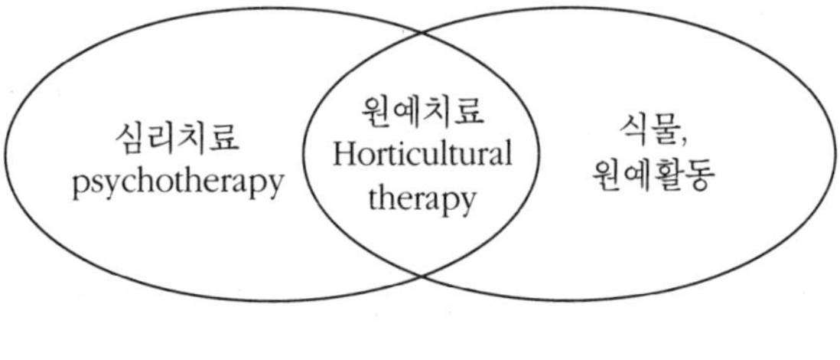

식물과 원예활동, 심리치료와의 관계에서 원예치료

인이 관련되어 있다고 설명한다. 또한 사회적 지지, 스트레스, 기분 및 심지어 성격 같은 심리 사회적 요인들 역시 암 발생과 연관이 있으며, 암 발생 후 그 질병의 경과에도 기여한다고 밝히고 있다(America Cancer Society, 1996).

현대의 심리치료는 위의 예에서 본 것과 같이, 전통적인 의학적 중재와 함께 많은 문제들에 대한 포괄적인 예방과 중재를 하는데 에 유용한 것으로 받아들여지고 있으며, 그 적용 범위 또한 광범위하게 넓혀가고 있다. 이러한 심리치료의 광범위한 정의를 바탕으로 식물과 원예의 생명 요소가 결합되어 원예치료를 구성하고 있으며, 원예에 대한 이해와 더불어 심리치료에 대한 이해가 결합되어야 함을 보여주는 것이다.

2) 원예치료에서 치료의 범위

원예를 이용한 치료가 적용될 수 있는 공간은 크게 세 가지로 나누어 볼 수 있는데, 각각의 형태에 적용되는 원예치료는 사람의 몸과 마음이 유기적인 연관을 갖고 있으며, 따라서 사람의 정신적인 측면으로 접근하여 변화를 이끌어 내면 신체적인 변화도 가능하다는 것을 기본 바탕으로 한다.

예방 가장 적극적인 방법의 원예치료는 예방의 공간에서 진행될 수 있다. 이 예방의 공간에서 적용되는 원예치료는 정신 건강을 위한 치료 차원이 될 수 있으며, 이와 더불어 신체적인 건강 또한 유지할 수 있는 유용한 방법이 될 수 있다. 예방에서 원예치료는 인간의 전 생애에 걸친 정상 발달의 단계들에 대한 이해를 바탕으로, 원예활동을 결합하여 원활하고 건강한 발달을 도울 수 있는 접근을 통해 이루어질 수 있다. 예를 들면, 청년기의 자녀와 중년기의 부모 관계에서 나타날 수 있는 심리적 갈등을 풀어 나갈 수 있는 대화의 통로를 원예활동을 통해 마련하여 건강한 가족관계 형성을 도모할 수 있다. 그리고 신체적인 건강의 유지를 위한 원예치료 적용의 예로는 기질적으로 고혈압에 취약한 사람이 원예활동을 통해 생활에서 받는 스트레스를 경감시킨다면, 고혈압의 발병 위험을 낮추는 개입이 이루어질 수 있다. 또한 식물의 생명을 통해 자신의 생명을 느낄 수 있고, 자신의 객관적인 모습을 찾게 되는 과정 속에서 신체의 질병도 스스로 치유할 수 있는 힘을 얻게 된다. 그것과 더불어 자신의 질병 치료에 필요한 식물을 재배해서 음식으로 섭취함으로써 도움을 받을 수 있다.

학교에서 이루어지는 원예활동은 학생들의 몸과 마음의 균형 있는 발달을 도와줌으로써 적극적인 치료로서 예방의 의미를 갖는다.

치료 여기에서의 치료는 좁은 의미의 치료로서 현재 신체적 혹은 정신적인 문제를 지닌 사람들로 하여금 그 상태를 개선시키기 위한 처치가 가해진다는 의미에서의 치료이다. 이 공간에서의 치료는 병원에서 이루어지는 전통적인 의학적 처치들과 함께 환자가 겪는 여러 문제들에 적극적으로 개입을 하는 방식으로 이루어 질 수 있다. 여기에서 적용될 수 있는 치료 접근 방법에는 심리치료의 고전적인 방법들로 설명되는 정신분석학적 접근, 행동주의적 접근, 인지적 접근, 인본주의적 접근 방법이 있다. 치료 공간에서의 원예치료 적용의 예를 들면, 만성 통증으로 고통받는 사람들은 비관주의, 낮은 자기-효능감, 우울 등과 같은 심리적 상태가 통증 경험과 밀접하게 연관되어 있다고 밝혀졌는데, 병원에서 이루어지는 만성 통증에 대한 약물 치료와 더불어 원예활동을 통해 우울감의 개선을 돕는다면 환자의 치료는 더욱 성공적일 수 있는 것이다. 그리고 정신적인 문제를 지닌 사람들에게 적용되는 원예치료는 많은 연구들이 보여준 바와 같이 치료의 차원에서 상당히 두각을 나타내는 효과를 보이고 있다.

재활 재활의 공간에서 이루어지는 원예치료는 유전적 특성들에 의해 발달과정에서 나타나는 신체적, 정신적 기능상의 문제를 지닌 사람, 혹은 정형외과적 처치가 필요한 사람, 제한된 공간에서 생활하는 재소자들, 직업훈련과 같은 처치가 필요한 사람 등 생활 기능에서의 개선을 필요로 하는 모든 사람들에게 이루어질 수 있는 특징을 가진다. 더불어 재활 차원의 치료는 근본적인 부분으로의 접근에서 시작된다. 즉, 현재 한계를 지닌 신체적, 정신적 기능 상태를 개선시키는 현상적인 부분으로의 접근 이전에, 사람이 자신의 신체 상태에도 불구하고 느낄 수 있는 삶의 의미와 희망에 우선적으로 접근하는 것이다. 자신에 대해, 자신의 삶에 대한 이해와 앞으로 나아가고자 하는 희망을 얻도록 치료가 이루어지면서, 이를 기반으로 자신의 신체적, 정신적 한계를 극복해 나아가고자 하는 연습의 도구로서 원예 활동이 이용될 수 있는 것이다. 또한 다양한 원예활동 범위를 이용해 직업교육의 프로그램을 활용해서 재활의 차원을 도울 수 있다.

제2장

원예치료의 이론적 기반

원예치료의 이론적 기반은 원예가 치료적 도구로 이용되는 것에 있어서 어떠한 치료적 효과를 주는가에 대한 이해를 말한다. 이것은 사람이 원예활동을 통해 얻는 신체적 이득과 더불어 식물이라는 생명을 돌봄으로써 얻어지는 여러 가지의 경험들에 대한 이해가 토대를 이루는 것으로서 원예활동의 주체로서의 인간에 대한 이해와 함께 인간 존재와 삶의 질에 영향을 미치는 원예의 역할에 대한 이해가 이루어져야 한다.

식물은 그 자체로 사람에게 많은 것을 제공해 주는데, 이것은 인류 역사의 시작과 함께 지금까지 볼 수 있는 것으로 사람은 생명을 유지시키는 데에 필수적인 요소들을 식물로부터 얻는다는 것이 그것이다. 원예치료는 이것을 포함하여 원예에서 얻어지는 총체적인 경험을 통해 치료적 효과를 얻는 것이다. 단순한 육체적 활동으로부터 그것을 통해 야기되는 정신적 활동에 이르기까지 다양한 차원에서 얻어지는 이 이득으로 인하여 원예가 치료의 도구로서 이용될 수 있다. 이러한 '이득' 을 체계화하는 설명은 Mattson(2002)의 '연속체(continuum)' 라는 개념이다. Mattson은 이 개념을 이용해 정원활동에서 얻을 수 있는 경험의 범위를 네 가지 차원으로 나누어 설명하였다. 즉, 사람이 정원을 가꾸는 것에서 얻게 되는 경험들은 다양한 연속체 선상으로 이해될 수 있다는 것이다. 이 네 가지 차원은 각각 양 끝단의 경험을 보여주는데, 사람들이 정원 활동을 통해 얻는 경험들은 이 경험들 사이에서 다양한 수준으로 얻어지며, 그 수준은 유동적(수직적, 수평적 관계를 포함한다)이고 자유롭게 옮겨가며 이득을 준다고 말한다.

① 신체, 정신에서부터 영혼까지의 경험(Body, mind to spirit)

정원 활동을 하면서 얻어지는 첫 번째 차원의 경험은 신체로부터 정신, 영혼까지 이어지는 경험의 연속체이다. 이것은 신체적인 이득(운동적 효과, 음식물 섭취, 신선한 공기의 흡입 등)에서부터 정신적 이득(정서적 안정감, 자존감 등), 그리고 마지막으로 영혼의 풍요로움(사랑, 자유, 신과의 관계 등)을 얻을 수 있다.

② 개인에서부터 집단의 사회적 상호작용들까지의 경험(Individual to group social interactions)

개인이 주체가 되어 스스로의 경험으로부터 얻어지는 정원 활동의 효과는 자기 자신과의 대화가 가장 궁극적인 부분일 것이다. 이러한 개인 주체의 경험에서부터 정원 활동은 사회적 집단에서 이루어지는 상호작용에 대한 경험을 얻을 수 있는 좋은 장(場)이 된다.

③ 무선적인 탐색에서부터 통제된 행동까지의 경험(Random searching to controlled action)

정원 활동을 하면서 경험하는 무선적인 탐색은 식물과 자연에 대하여 의미 있는 초점을 맞추지 않고, 단순히 바라보는 행동의 경험을 말한다. 이러한 경험에서 시작하여 통제된 행동까지의 경험으로 계획되어지고, 절도 있는 행동으로의 깊이를 더해가는 수준으로 경험을 얻을 수 있는데, 한쪽 끝에 있는 통제된 행동의 쉬운 예로는 자신이 돌본 식물을 이용한 요리하기와 같은 활동이 될 것이다. 이 활동은 계획이 필요하며, 그 계획을 잘 따라 행동해 나가야 만족스럽게 완성된 결과물을 얻을 수 있는 경험이다.

④ 단순한 욕구들로부터 복잡한 다양성까지의 경험(Simple needs to complex diversity)
이 차원에서의 경험 연속체는 Maslow의 이론과 연결되어 설명될 수 있는 정원활동의 효과이다. 가장 단순하고 기본적인 욕구를 충족시켜주는 경험으로부터, 고등 생물로 설명되는 인간의 다양하고 복잡한 욕구들을 충족할 수 있는 경험을 얻게 된다.

1. 원예활동 주체로서의 인간에 대한 이해

지금까지 많은 연구자들에 의해 원예가 인간으로 하여금 치료적인 효과를 얻을 수 있도록 제공해 주는 경험의 다양한 측면이 주장되어왔다. 식물이 인간에게 주는 신선한 음식물과 맑은 공기를 시작으로, 생명체로서의 식물을 통해 얻어지는 생명주기에 대한 통찰, 사회적 상호작용의 매개체로서 원예가 제공해 주는 경험 등 우리가 얻는 치료적 효과는 여러 측면에서 다양하게 찾아볼 수 있다. 그러나 각각의 측면들과 세부적인 이득에 대한 이해에 우선하여야 될 것은, 원예활동 주체로서의 인간에 대한 이해이다. 이것은 전 생애를 걸쳐서 건강한 생명체로서 살아가는 것에 원예의 경험이 어떠한 방식으로 작용할 수 있는지, 인간의 삶을 어떻게 풍요롭게 할 수 있는지에 대한 이해를 말한다.

여기에서는 식물을 포함한 생명체에 대한 통찰을 통해 인간에 대한 설명을 이끌어 낸 Piaget의 발달이론과 욕구의 위계적인 충족을 통해 성숙된 인격체로 발달해 나가는 과정을 설명한 Maslow의 욕구위계 이론을 중심으로 설명하면 다음과 같다.

1) Piaget의 생득과 양육(nature and nurture)의 이론

식물과 사람의 생명 요소들을 결합하는 것이 원예치료의 중심이다. 사람과 식물이 생명체로서 지니는 특성들의 관련성을 토대로 건강한 발달과 성장, 그리고 적응적인 삶을 이끌어내는 것이 원예치료의 중심적인 역할이라고 말할 수 있는 것이다. 아동의 인지 발달에 관한 이론으로 알려진 Piaget의 발달 이론은 인간이 어떻게 정보를 수집하고 조직하여 세상에 대한 의미를 만들어 가는지를 정립한 이론이다. 따라서 이 발달 이론은 원예치료의 위와 같은 중심적인 작용을 잘 보여주는 이론이다. 아동기까지의 인지적 발달 단계들에 대한 설명을 포함하여 그 이론의 도출 과정과 전체적인 설명은 식물과 다른 생명체들과 함께 인간 또한 지니고 있는 생명 요소들이 같은 맥락으로 보여지며, 아동기까지의 시기에 중요한 기초를 이룬다고 설명하고 있다. 이와같은 사고의 연관성은 원예치료 핵심요소를 잘 설명해 주고 있다. 앞서 말한 식물과 인간의 생명 요소의 연관을 잘 보여주고 있기 때문이다.

Piaget는 생물학 연구로 시작하여 발달심리학으로의 학문적 영역을 자연스럽게 확장해 나간 학자이다. 그의 발달 이론을 성립하는 것에는 생물학에 대한 이해가 연결되었는데, 그것의 예는 '세덤

(sedum)[2]' 에 대한 그의 관찰에서 찾아볼 수 있다. 그는 바위가 많은 정원에서 흔히 볼 수 있는 여러 종의 식물 '세덤' 에 대해 전 생애에 걸쳐 관심을 갖고 세계 각지로부터 표본을 모아 여러 환경에서 성장시켰다. 싱싱한 지중해 산의 세덤 한 종류를 알프스 고지에 이식하고는 혹한에서의 순응(adaptation)을 관찰하였다. 그 세덤은 작고 두꺼운 잎사귀를 내어 노출 부분을 감소시키는 한편, 엽록소 생산과 광합성 능력을 증가시키는 방식으로 순응하였는데, 이 식물들을 제네바에 있는 그의 집 정원에 재이식하였을 때 대부분은 원상태로 돌아갔으나 수천 대에 걸쳐 내려오는 작은 크기를 그대로 보유한 것도 있었다. (Pulaski, 1990).

(1) 순응과 평형상태

이 연구에서 그가 다루었던 문제는 유기체가 새로운 상황에서 어떻게 순응하는가 하는 것이었다. 그의 통찰은 유기체는 순응 방식의 선택에 있어서 능동적이며 자기 규제적이라는 것 이었다. 순응이란 유기체의 유전적 구조가 보다 나은 생존을 위해 스스로를 재구성하는 방식으로 외적 환경과 상호작용하는 역동적 진행 과정이라고 설명된다. 이 순응이라는 기제는 인간에게 있어서 지적 기능의 본질이 됨과 동시에 모든 종이 유전하는 두 가지의 기본 경향중의 하나이며, 다른

2) 세덤(sedum): 돌나물과(科)(Crassulaceae) 세덤속(屬)을 말하며 속명의 '세덤' 은 라틴어의 sedes '앉는다' 또는 '자리' 라는 뜻으로 본 속은 바위 위에 자리 잡고 착생한다는 데에서 유래되었다. 본 속은 분포지역이 넓은 식물로 북반구의 온대, 난대를 비롯하여 그린랜드 북위 72° 7′ 으로부터 남반구의 마다가스카르의 남위 22° 1′ 에 걸쳐 폴리네시아, 오스트레일리아 전역에 자생한다. 또한 열대지방 및 남반구의 고산지대에 널리 분포 되고 있다. 세계적으로 약 500~600종이 나며 한국에는 16종이 난다. 예를 들어, 우리나라에서 흔히 보는 돌나물, 큰 꿩의 비름 등이 세덤속이다.

하나의 경향은 신체적 심리적 구조를 응집 체계로 통합하는 능력을 말하는 조직화(organization)라는 것을 설명하였다. 식물의 순응에 대한 통찰이 확장되어 인간의 지식 연구로의 적용 결과, 내면적 재구성을 유발하는 환경으로부터의 피드백에 기초한 자기 규제 과정을 통해, 이전의 지식이 생물학적이고 유전적인 기원을 넘어서서 천천히 발달된다는 사실을 이끌어 내었다. 즉, 자기 규제에 의해 새로운 상황에 순응하는 능력은 생물체와 인간의 지식에 동일하게 적용된다는 것이다. 그리고 순응은 조직화를 통해 이루어진다고 설명하였다.

여기에서 순응은 이원적 성질을 갖는다. 모든 생명이 있는 유기체에서 계속적으로 진행되는 꼭 닮은 한 쌍의 과정으로 구성되는 것인데, 동화(assimilation)와 조절(accommodation)이 그것이다. 동화는 감각, 영양 또는 경험을 통틀어 수용하는 과정으로 인간에게 있어서는 사물, 사람, 사고, 관습 및 취향을 자신의 활동에 결합하는 과정이다. 예를 들어 아동이 스스로 말을 할 수 있기 이전에 어형의 변화, 어법 및 언어의 의미를 학습하게 되는데, 아동은 자기가 듣는 것은 무엇이나 동화되어 점차 그 자신의 것으로 만드는 것을 말한다. 이러한 동화는 조절이라는 기제를 통해 균형을 이루는데, 이것은 환경에 도달하는 적응 과정을 의미한다. 즉, 자신이 가진 기존의 인지적 구조나 생각이 새로운 대상을 동화하는 데 적합하지 않을 때 새로운 대상에 맞게 이미 있는 인지적 구조나 생각을 바꾸어가는 과정을 의미한다. 인간에게 있어서 생물학적인 수준과 지적인 수준에서 동시에 작용하는 이들 동화와 조절의 두 과정은 신체적 인지적 발달을 모두 가능하게 하며, 두 과정의 원활한 작용이 생명체로서 인간이 건강하게 살아갈 수 있도록 하는 중요한 기제가 된다. 생명의 시작으로부터 다양한 종류의 자극들과 상황을 경험하게 되는 삶의 과정에서 동화와 조절이라는 기제는 모든 생명을 지닌 유기체에게서 작용하는 이점과 마찬가지로 사람으로 하여금 풍요롭고, 적응적이며, 건강한 삶을 유지하는 것에 필수적인 기능을 담당한 고유의 기제라고 설명할 수 있다. 또한 Piaget는 아기들이 무기력한 존재가 아니라 동화와 조절사이, 즉 내적 실재와 주변세계의 실재 사이에서 안정된 균형을 항상 유지하기 위해 노력하고 실험하고 있는 능동적이고 호기심에 찬 하나의 유기체라고 말하고 있다. 이것은 동화와 조절이라는 기제가 '평형 상태(equilibrium)' 를 얻으려는 과정이라고 설명한 것을 통해 얻을 수 있는 이해로서, 유기체와 환경간의 균형과 통합을 변화시키는 체제 속에서 비교적 '일정한 상태' 에 도달하는 것을 말한다. 피아제는 이러한 진보적 '평형상태' 를 초래하는 '과정' 에 중요성을 부여했고 이 과정이란 '평형화' 라고 부르는, 역동적으로 진행 중인 '자기규제 과정' 이라고 설명한다(Siegler, 1995). 자기규제 과정은 예를 들면 온도조절 장치가 더위와 추위 사이에서 일정한 균형을 유지하듯이, 식물이 외부의 온도 혹은 습도에 맞춰서 조절하듯이, 동화와 조절 사이에서 균형된 통합을 하는 것이 그 기능이다. 이와 같은 사실은 원예활동의 효과에서 설명하는 삶의 균형과 조화라는 가치를, 내면적인 면으로는 몸과 마음의 균형적인 순응을 말하고 있고 외적인 면에서는 다른 세계, 사람과의 조화를 말한다.

(2) 발달과 발달의 기제

이와 같은 유기체의 순응 방식에 대한 기제는 인간에게 있어서 생애 초기에 그 기반을 형성하는데, Piaget의 발달 단계 이론은 그 기제의 발달에 대한 구체적이며 명확한 과정을 설명해 주고 있다. 여기서 피아제가 말하는 발달이란 "연속적이며 질적으로 다른 단계를 통해서 이루어지는 진보" 를 말하고 있다(DeVries, 1994). 따라서 발달은 '지체' 혹은 '치료' 라는 단어를 포함해서 생각할 수 있다. 또한 어떤 의미에서 볼 때 발달은 '더 높은 평형 상태로 발전되는 평형이다' 라고 볼 수 있다. 그렇다면 일단 도달한 유기체의 평형은 무엇에 의해서 재조직되는지를 알아보면 다음과 같다.

① 성숙 - 역동적인 요인 또는 유기체의 유전적 구조의 생리적인 성장을 말하며 환경에 대해 반응하는 '가능성의 조건' 즉 환경으로부터 얻은 새로운 정보를 동화하고 구조화하는 잠재력이다.

② 경험 - 환경에 대한 상호작용을 말한다.

③ 사회적 전달 - '인지적 갈등' 을 갖도록 도와주는 자극을 말한다.

④ 평형화 과정 - 세 가지 요소를 통합하고 규제하여 발전적 평형 상태를 초래하는 과정이다.

아동기를 거쳐 청소년기, 나아가 성인의 시기까지의 기간에 걸쳐 형성되는 적응 기제의 유연화는 총 네 가지의 단계를 거치면서 발달한다고 설명하는데, 감각 운동기, 전조작기, 구체적 조작기, 형식적 조작기가 그것이다(Flavell et. al, 1999). 각각의 발달 단계들을 살펴보기에 앞서서 다시 한 번 강조할 부분은 아래에서 보여지는 발달 단계들은 단지 명시된 나이에서만 보여지고 달성되는 하나의 발달 과업만을 의미하는 것은 아니라는 점이다. 이 발달 단계들의 성립에는 인간 전체에 대한 이해를 바탕으로 두고 있기 때문에, 우리가 Piaget의 발달 단계 이론을 바라보는 시각은 인간 전체로 확장되어 적용되어야 할 것이다. 즉, Piaget의 발달 단계들은 모든 연령의 인간에게 확장되어 적응적인 삶을 살아가는 기제로 설명될 수 있으며, 각각의 단계들에서 보여지는 특징들과 기제의 성립 및 발현이 어떻게 이루어지는가에 대한 설명들은 원예 활동 경험을 통해 얻는 이득들을 더욱 쉽게 이해할 수 있도록 해 주며 예방, 치료, 재활의 공간에서 문제 인식과 해결 과정에 도움을 받을 수 있는 근거가 된다.

(3) 발달 단계

① 감각 운동기(Sensory-motor period) - 출생~15개월, 2세까지

영아는 주로 동작을 통해 주변세계에 순응해 가며 이것을 Piaget는 실제적 지능(practical intelligence)이라 불렀다. 영아가 자기 규제된 몸짓과 물음과 운동을 통해 사람 및 사물과 상호작용할 수 있는 것은 이런 지능 때문이다. 또 이 시기의 아기들의 사고가 보고, 듣고, 움직이며, 만지고, 맛보는 행위를 통해 구성되기 때문에 감각 운동기라고 부른다. 2세경 어린이는 보거나 경험한 것이 정신적 영상으로 '내면화' 됨으로써 모방 또는 표상을 이룩한다. 이것들은 기억의 기초가 되며 이후에는 사고의 기초가 된다. 사고는 신체적인 면이 아니고 정신적인 면에서 발생되는 행동으로, Piaget의 용어로는 '조작기능(operations)' 을 말한다. 그러나 '조작기능' 이라는 용어는 논리적 필연성을 의미한다. 2세 유아들이 표상하는 상징으로는 정신적 영상, 그림, 꿈, 허구적 상징, 몸짓, 언어가 있다. 이 시기 동안 아기는 사물에 대한 대상 연속성의 개념을 발달시키는데 이는 환경 속에 있는 물체는 아기의 지각 유무에 관계없이 존재한다는 사실이다. 또 '목표 지향적 행동' 의 시작의 시기이다. 인간이 출생해서 2세까지의 발달을 '코페르니쿠스적 혁명' 의 시기로 불릴 만큼 생물학적 유기체에서 사회적 유기체로 전환의 시기가 되기 때문이다.

② 전조작기(preoperational period) - 2~6세반, 7세까지

반(半) 논리적(semi-logical) 개념으로서 서서히 발전해 간다.

6~7세 아동은 구체적 사물이나 그 표상(그림, 단어)을 분류할 수 있다. 기본 구조를 배열하고, 확장하고, 하위 분류하고, 분할하고 결합함으로써 새로운 관계를 이룩한다. 구체적 경험의 제한 안에서 사

고하므로 추리와 가설의 형태에서 추상화하지 못한다. Piaget는 아동이 모든 것에는 이유와 목적이 있다고 생각하는 것을 발견했다. 한 작은 남자 아동이 제네바에는 왜 산이 두 개 있느냐고 물었는데, 그가 원했던 답은 '큰 산은 키가 큰 사람이 올라가기 위한 것이고, 작은 산은 어린이를 위한 것' 이었다. 다시 말해 전 조작기에서는 욕구와 목적을 가지고 있는 아동 자신이 아직도 우주의 존재 이유인 것이다. 따라서 모든 것은 자신이 중심이 되어 수립되고, 생각하게 된다.

유아의 자기중심적 사고의 또 하나의 특징은 생동론(animism)으로 알려져 있다. 아동은 자연세계가 살아 있고 의욕이 있으며 자기와 같은 목적을 부여받았다고 생각한다. 이것은 자신에 대해서 의식하지 못하는 아동이 우주와 자신을 혼동함으로써 야기된다. 해는 길을 밝히기 위해 그를 따라오고 구름은 스스로 움직이면서 가는 길을 따라 그림을 그린다. 힘과 생명에 의해 활성화된 이러한 동적 세계관은 나무나 생물에 살아 있는 정신이 깃들어 있다고 믿는 호피 인디언족 같은 종족의 원시적 우주 철학과 동일하다.

• 전개념기(preconceptual stage) - 2~4세

유아가 일반화할 때 혼동되는 첫 시도로써, 정신적 영상과 진정한 개념 사이의 과정에서 나타난다. 전개념은 아동이 사물의 유목과 그 요소를 혼동하는 것을 의미한다. 한 남자가 아버지이니까 모든 남자를 아버지라고 부른다. 즉 부분-전체의 관계에 대해 똑같이 혼동되고 있다.

• 전조작기 후기, 전논리적(prelogical), 직관적(intuitive) - 4~7세

부분에서부터 전체로 추리하기 시작한다. 진정한 조작적 사고의 안정성과 가역적 특성의 결핍 때문이다. Piaget는 4세의 루시엔느가

"낮잠을 안 잤으니까 오후가 아니에요."라고 말한 것을 인용하고 있다. 그녀에게 있어 오후는 낮잠과 비가역적으로 동일시되고 있었다. 그러므로 낮잠을 자지 않은 것은 오후가 될 수 없다는 것을 의미했다. 루시엔느에게 있어서 오후는 사회화된 개념이라기보다 개별적 상징이기 때문에 가역적으로 사고하려고 노력해도 잘 되지 않았던 것이다. 대개 '지체'는 이 시기에 사고 기능이 멈추어 있는 것을 말한다. 이럴 경우 매일매일 활동의 순서표를 제공하고, 반복하여 수행하는 것이 중요함을 알 수 있다.

③ 구체적 조작기(The period of concrete operations) - 7~11, 12세까지

신체적 수행의 굴레에서 벗어난 조작이나 사고는 놀랄 만큼 신속하게 진전된다. 사고는 시간과 공간 속에 투사되거나 되감겨진 영화 필름처럼 스스로 가역되어 나타날 수도 있다. '가역성'의 성취는 아주 중요한 발달로서 논리적 조작을 가능하게 하고 사고의 전체적인 질에 영향을 미친다. 7세 아동의 신경학적 성숙 수준은 한 가지 사물의 두 세 가지 차원을 한 번에 인식할 수 있을 만한 뇌의 발달 정도에 도달해있다. 아동은 또한 과거의 활동을 기억하며 가역성이 가능하다. 사고를 일관성 있고 전체적인 구조로 조직하여, 계층적이고 계열적인 관계에서 조정할 수 있는 능력을 갖게 된다. 즉, 사물의 보존 법칙을 이해하고, 분류와 서열화를 할 수 있으며 구체적 문제를 논리적 방식으로 해결할 수 있다.

④ 형식적 조작기(formal operations) - 12세~성인기

청소년은 구체물에 대해서도 생각하지만 '조작에 대해서도 조작(operate on operation)'하기 시작한다. 즉 사고와 개념에 대해서도

생각하게 되는 것이며 논리적인 방식으로 추상적 문제들을 해결 할 수 있다.

형식적 조작기능은 이차적 능력에 대한 조작기능을 말한다. 최고의 수준에서 형식적으로 조작, 사고하는 사람은 원자의 구조를 다루며 컴퓨터를 설계하고 우주세계의 탐험을 계획한다. 그들의 사고 대상은 이전 사고의 산물이며 실제에서는 예증되지 않는다. 또한 사고의 대상 확장으로 인해 사회적 쟁점, 정체성에 대한 관심이 발달된다. 아인슈타인의 상대성 원리를 기초로 하여 다른 혹성의 존재를 추리하고 결국 명왕성을 발견해 낸 천문학자의 연구는 높은 수준의 형식적 조작을 통한 산물이다. 이 시기는 구체적 조작기의 '기술적 사고(described thinking)' 에 비해 '추리적 사고(inferential thinking)' 가 강한 시기라고 특징지어 말할 수 있다.

위와 같은 Piaget의 발달 단계에 대한 설명들은 연령과 상관없이 외부 세계와 자아 사이에서의 불균형이나, 외부환경의 변화로 인한 자아 내부의 불균형들을 경험하게 되는데, 이러한 불균형을 조절하여 더 발전적이고 성숙하게 적응해 나가는 기제들이 발현하는 단계들임을 이해할 수 있다.

2) Maslow의 욕구위계이론

Maslow는 사람들이 행동하도록 동기화시키는 요인과 개인을 완전하게 기능하는 삶으로 이끌어 가는 동기에 관심을 가졌으며, 이에 대한 설명으로 사람은 누구나 내적 욕구를 갖고 태어나며, 이 욕구를 충족시키기 위해 일생을 통해 노력한다고 하였다. 여기에서 사람들이 추구하는 욕구는 단순한 생물학적 만족이나 긴장의 감소가 아닌 자기

실현의 욕구라는 성장 지향적인 욕구라고 말한다. 이러한 자아 성장을 추구하는 자기실현의 욕구를 충족하는 인간의 삶은 그 하위에 몇 개의 단계적 욕구가 있으며, 이 하위 단계들의 충족을 통해 다음 단계의 욕구로 나아가고 궁극에 가서는 자기실현의 욕구를 충족하고자 한다고 설명한다. 위계적으로 설정된 단계적 욕구를 통해 Maslow는 인간의 삶에 있어서 방향성을 보여주고 있다(임규혁, 2000). 사람은 누구나 기본적인 하위 욕구들을 추구하고 그것이 만족되면, 그 다음의 상위 욕구로 진행하며 결국에는 자신의 삶을 통해 자기실현의 욕구를 충족시키는, 긍정적이며 성장 지향적인 욕구를 추구하는 방향으로 나아간다고 설명하고 있다.

Maslow(1970)는 네 개의 하위 수준의 욕구들, 즉 생존, 안전, 소속과 자존의 욕구를 '결핍 욕구(deficiency needs)' 라고 불렀다. 이런 욕구들이 만족될 때, 결핍 욕구를 달성하려는 동기는 감소한다. 그리고 나머지 세 개의 상위 수준의 욕구들, 즉 지적 성취, 심미적 이해,

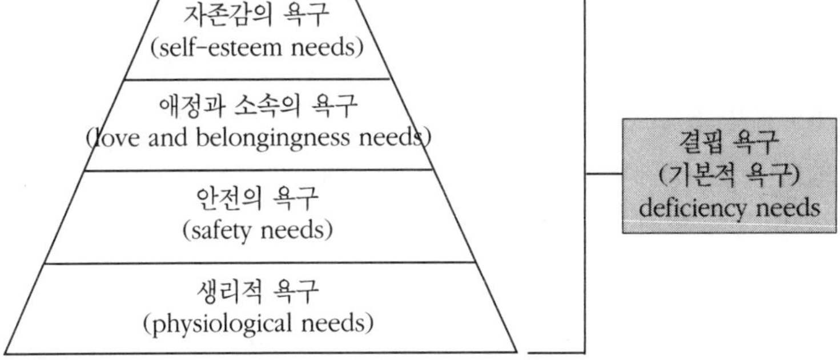

자아실현의 욕구를 '존재 욕구(being needs)' 라고 불렀다. 이런 욕구들이 충족될 때, 개인의 동기는 중단되지 않고 더 높은 성취를 위해 증가된다. 예를 들어, 알고 이해하고자 하는 노력이 성공적일수록 사람들은 더 큰 지식과 이해를 위해 한층 더 열심히 노력하게 될 것이다. 결핍 욕구와는 달리 존재 욕구는 절대로 완전히 달성될 수 없다. 그것을 성취하려는 동기는 끊임없이 갱신된다(Woolfolk, 1997).

Mattson(1997)은 인간의 원예 활동에 대한 이점을 설명하는 데 있어 위와 같은 Maslow가 제안한 인간이 감정적, 사회적, 윤리적으로 보다 성숙하기 위해서 요구되는 다섯 단계의 조건에 결부시켜 설명하였으며, 이와 함께 연결될 수 있는 원예치료의 적용 방법과 효과에 대한 예들을 제시하였다.

(1) 생리적 욕구

☞ 정원은 신선한 공기, 밝은 햇빛, 신선하고 영양소가 골고루 들어 있는 음식물을 제공한다.

생리적 욕구는 음식, 물, 공기, 수면에 대한 욕구 및 성욕으로서, 이들 욕구의 충족은 우리의 생존을 위해서 필요 불가결한 것이다. 생리적 욕구는 모든 욕구 중에서 가장 강렬하며, 이 욕구가 충족되지 않으면 안전이니, 사랑이니, 자존감이니, 또는 자아실현이니 하는 것들은 모두 하찮은 것이 되어버린다. 원예는 인간의 가장 기본적인 욕구를 충족시켜 줄 수 있는 식물의 생산물을 제공해 준다. 자신의 정원에서 키우는 각종 식물들은 맑은 공기를 제공해 주고, 식물의 각 부분들은 음식으로 이용될 수 있기 때문이다.

유산소 운동 나이나 신체적 상태와는 상관없이 우리 모두는 소근육이나 대근육을 사용하는 정원활동을 통해 이득을 얻는다. 높은 수준의 엔돌핀은 조깅이나 자전거 타기에 의해 생성되는 것과 유사하게 정원에서도 발생한다. 정원에서의 육체적인 일은 과다한 칼로리를 태우고 신체적인 건강상태를 향상시킨다.

식이요법과 체중조절 과일, 채소, 허브와 정원에서 나오는 다른 생산물들은 건강을 증진시키는 음식이 된다. 풍부한 비타민, 미네랄과 높은 섬유질 그리고 낮은 칼로리와 콜레스테롤의 음식들은 건강한 신체를 만든다. 매일 섭취하는 마늘 조각은 동맥경화를 예방할 것이고, 크랜베리 주스는 신장 감염을 고치는 데 도움을 주며, 브로콜리와 양배추는 결장암을 예방할 수 있다.

건강유지 정원의 많은 생산물은 병을 예방하는 데 도움을 준다. 예를 들어 비타민 C의 일상적인 작용에 의해 충분한 잠을 잘 수 있고, 영양상태의 균형을 지켜주며 몸은 감기와 열 바이러스로 발생하는 호흡기 전염으로부터 효과적으로 보호된다.

(2) 안전의 욕구

☞ 정원은 심리적으로 긴장을 완화시켜 스트레스를 경감시키는 경관을 제공한다.

안전의 욕구에는 안전, 안정, 보호, 질서 및 불안과 공포로부터의 해방 등과 같은 욕구가 포함되는데, 최근의 각종 연구에서 살펴보면 식물의 존재가 사람의 긴장 완화에 큰 영향을 미치며, 단순히 녹색의 식물을 바라봄으로써 사람의 신경 작용에 직접적인 변화를 유발시키는 작용을 하는 것으로 밝혀졌다.

스트레스 감소 정원에서의 활동은 활동적인 유산소 과정이거나, 소극적으로 이루어지는 명상적 활동이 될 수 있다. 관엽식물과 꽃으로 둘러싸인 경관은 대부분의 사람들의 스트레스를 감소시키는 경향이 있으며 사무실에 놓인 약간의 꽃은 긍정적이고 바람직한 결과를 가져다 준다.

적당한 감정적 반응 힘든 육체적인 노동은 분노나 불안에 갇혀 있을 때, 그것으로부터 이완시키는 것에 유용하다. 즉 잡초제거, 재목 자르기나 정원에서 삽으로 파기 등의 활동은 이러한 감정들을 건설적인 결과물들로 승화시킬 수 있도록 해 준다.

(3) 애정과 소속의 욕구

☞ 정원 활동을 통하여 다른 사람과 경험을 나누고 그들에 대한 책임감과 필요성을 느낀다.

애정과 소속의 욕구는 특정한 사람들과 친밀한 관계를 맺고, 어떤 집단에 소속되고자 하는 욕망으로 표현된다. 사랑의 욕구가 충족이 되면 다른 사람과 원만한 관계를 갖게 되는데, 친구 및 배우자와 가깝고 의미 있는 관계를 유지하게 된다. 원예는 다른 사람들과의 관계를 시작하고 발전시켜 나가는 데 있어서, 다양한 화젯거리를 제공해 줄 수 있고, 서로 도움을 주고받는 역할을 경험해 볼 수 있는 기회를 제공함으로써 여러 역할에 대한 이해를 도와준다. 이러한 원예는 작게는 가정에서 이루어지는 화초 기르기에서부터, 크게는 지구 환경을 무대로 이루어지는 환경원예에 이르기까지 다양한 사람들과의 관계를 이어주는 기회의 장을 제공해 준다.

사회적 상호작용 사람들이 함께 있으면, 창조하기, 나누기, 질문하기, 보기, 찾기, 궁금한 이유, 세상을 향해 자신을 나타낼 수 있는 기회가 생긴다. 사람과 식물은 함께 이어지고 변화하면서 발전한다. 정원에서 수확되는 생산물의 가치는 그것 자체로서의 가치와 다른 사람에 의한 수용에 기초한다.

(4) 자존감의 욕구

☞ 정원은 개인적인 목표를 성취하는 것을 도우며, 일에 대한 피드백을 제공한다.

자존감의 욕구는 기술을 습득하고, 맡은 일을 훌륭하게 해내고, 작은 성취나 성공을 통해서, 그리고 다른 사람들로부터 긍정적인 평가를 들음으로써 충족된다. 원예의 경험은 이러한 자존감의 욕구를 충족시킬 수 있는 훌륭한 도구가 될 수 있다. 식물을 기르고 그것을 활용하게 되는 원예 경험을 통해 새로운 기술을 습득 할 수 있고, 식물의 성장에 기여함으로써 자신의 행위에 대한 성취를 얻을 수 있다. 또한 정원 활동에는 즉각적인 결과를 얻고 자신이 수행한 행동에 대해 수정을 유도할 수 있는 피드백이 명확하다.

자아존중감의 성립 활동적으로 정원 활동에 몰입한 사람들에게 있어서, 경험의 과정과 생산물은 의미 있는 심리적 가치를 갖는다. 성공을 확실하게 하기 위해, 원예치료사가 정원 활동의 과정을 정확히 지도하는 것은 핵심적이다. 성공은 마지막 생산물에 의해 측정되는데, 충분한 수확, 아름다운 꽃 장식, 또는 접근이 용이한 풍경이 없이는 대상자의 자아존중감, 그것이 지닌 최대한의 잠재력까지 성장하지 않을 것이다. 이는 정원의 생산물이 활동의 자연스러운 강화이기 때문이다. 많은 양의 토마토의 가치는 돈보다 더한 것이다. 만약 대상자가 성공적이라면, 자아존중감 성립의 과정에서 원예치료사도 함께 공유할 수 있다(Mattson, 2002).

(5) 자아실현의 욕구

☞

> 정원 활동을 통해 이를 감상하고 삶의 과정들(자연의 사건과 순환들)을 이해하는 지각을 갖게 된다.

Maslow의 욕구단계들을 크게 5단계로 본다면, 자아실현의 욕구는 심미적 욕구(진선미 추구), 지적 욕구(지식, 균형 추구)를 포함해서 생각할 수 있다.

정원 활동은 식물이라는 살아 있는 생명체를 다루는 것으로서, 사람들은 식물의 생명을 앎으로 자신의 삶과 다른 사람들의 삶에 대한 이해를 얻을 수 있게 한다. 이러한 경험을 통해 사람은 궁극적으로 자아실현의 위치에 설 수 있는데, 다음에서 보여지는 자아실현을 이룬 사람들의 특성들을 얻을 수 있기 때문이다. 이는 예방 공간에서 이루어지는 원예치료를 위한 행동의 기준이 될 수 있기에 살펴보고자 한다.

자아실현을 이룬 사람들의 공통된 특성[3)]

여기에서 다룰 자아실현이란 '완전한 인간성' (Maslow, 1981) 즉, 생물학에 기초를 둔 인간 본성의 발달이며 특정의 시간과 공간에 구애됨이 없이 인류 전체에 규범적인 의미를 가지고 있으며 이것은 문

---

3) Maslow는 그의 욕구위계이론 중 가장 상위단계인 이 단계에 이른 사람들의 특성을 나름대로 분류하였다. 그는 여기에 이른 사람을 링컨, 루스벨트 대통령의 부인, 토마스 제퍼슨 등을 들고 있다. 이후로는 '자아실현인' 이라는 명칭을 사용할 것이다.

화적 보편성이 강한 것을 말한다. 대개 16종류로 분류한 내용은 다음과 같다(정옥분, 2000; 박아청, 1990).

① 현실에 대한 정확한 지각: 사람과 사물을 객관적으로 지각한다. 즉, 자신의 소망, 감정, 욕망으로 인해 현실을 왜곡하지 않는다. 환경에 대한 분석이 객관적이고 거짓과 부정직을 감지하는 능력이 있다.

② 자신과 타인, 자연에 대한 수용: 현실 지각에 장애가 되는 죄의식, 수치, 의심, 불안과 같은 부정적 특성이 없다. 자신을 있는 그대로 받아들이고, 죄책감을 느끼거나 방어적이지 않으면서 자신의 강점과 약점을 인정한다.

③ 자연스러움: 자아실현인들은 가식이 없이 솔직하고, 외현적인 행동뿐만 아니라 내적 사고나 충동이 비교적 자연스럽다. 따라서 노력으로 인한 긴장 같은 것은 없다. 사회적 기준을 따르기도 하지만 사회가 기대하는 역할에는 무관심하다. 자신의 가치관이 확고하기 때문에 다른 사람들이 한다고 해서 무조건 따라하지 않는다.

④ 문제 중심적: 자기중심적이 아니고 문제 중심적이다. 자기중심적인 사람들이 자기평가에 많은 시간을 보내는 것과는 달리, 문제 중심적인 사람들은 자신의 에너지를 과제나 문제에 집중하고, 자신의 목표를 매우 중요하게 생각한다.

⑤ 초연함: 혼자 있기를 좋아하고, 홀로 인 것에 개의치 않는다. 반면, 일반인들은 다른 사람의 존재를 필요로 하고, 혼자 있게 되면 다른 사람을 찾게 되는데 이것은 소속의 욕구, 다른 사람으로부터 인정을 받으려는 욕구를 반영하는 것이다.

⑥ 자율성: 자신이 속해 있는 사회적 환경으로부터 독립하여 자율

성을 갖는다. 결핍동기보다는 성장동기에 의해 유발된다.

⑦ 신비로운 경험: 반드시 종교적인 것이 아니더라도 황홀한 기쁨을 경험한다. 이러한 절정경험을 하는 동안 자아를 초월하게 되고, 심오한 의식을 갖게 된다.

⑧ 신선함: 사람과 사물에 대한 인식이 구태의연하지 않고 신선하다. 다른 사람들에게는 시시하게 느껴지는 경험일지라도 자아실현인들은 즐거움과 황홀감을 느낀다. 이러한 느낌은 자연으로부터 올 수도 있고, 음악 또는 어린이들에게서도 느낄 수 있다.

⑨ 인류애: 인류에 대한 연민과 애정을 갖고 있다. 자아실현인들은 모든 인간에 대하여 강하고 열렬한 애정을 갖는다. 그들은 인류의 구성원으로서 인류 모두에게 형재애를 느낀다.

⑩ 깊고 풍부한 대인관계: 대인관계가 피상적이지 않고 깊고 풍부하다. 열렬히 사랑하고, 깊은 우정을 나누고, 대인관계가 보다 강렬하지만 가까이 지내는 사람들의 범위는 넓지 않다.

⑪ 민주적인 성격구조: 사회계층, 인종, 교육수준, 종교, 정치적 신념에 상관없이 모든 인간을 존중한다.

⑫ 수단과 목적 구분: 수단과 목적을 혼동하지 않는다. 많은 사람들이 편의주의에 근거해서 의사결정을 하는 반면, 자아실현인들은 아무리 좋은 목적이라도 수단이 도덕적으로 옳지 않으면 추구하지 않는다.

⑬ 철학적인 유머감각: 다른 사람에게 상처를 주거나 다른 사람의 열등감을 자극하는 종류의 유머를 좋아하지 않는다. 그들의 유머 감각은 철학적이며, 학대적이거나 어릿광대 놀음이 아니다.

⑭ 창의성: 지혜롭고 창의적이다. 모차르트나 아인슈타인과 같은 스타일의 천재성과는 다르지만 독창적이며 혁신적이다. 그들의 창의성은 생각, 아이디어, 행동에서 어린아이 같이 천진난만하

고, 자발적이고, 신선한 것이 특징이다.

⑮ 문화에 대한 저항: 자신의 문화를 대부분 인정하지만 무조건 동조하지는 않는다. 사회변화를 원하지만 청년기와 같은 반항의 의미를 갖는 것은 아니다.

⑯ 시너지의 힘을 갖고 있다: 이원적인 사고방식이 자아실현인들에게 있어서는 통합된다. 즉, 인지와 의욕, 이성과 본성들이 조화를 이루어 협력하고 통합된다.

2. 인간 존재와 삶의 질에 영향을 미치는 원예의 역할

인간에게 있어서 원예의 역할이 주는 영향은 크게 신체적, 사회적, 정신적, 심리적 측면으로 나눌 수 있다.

이러한 구분을 통한 고찰은 다음과 같은 도식으로 개괄할 수 있다.

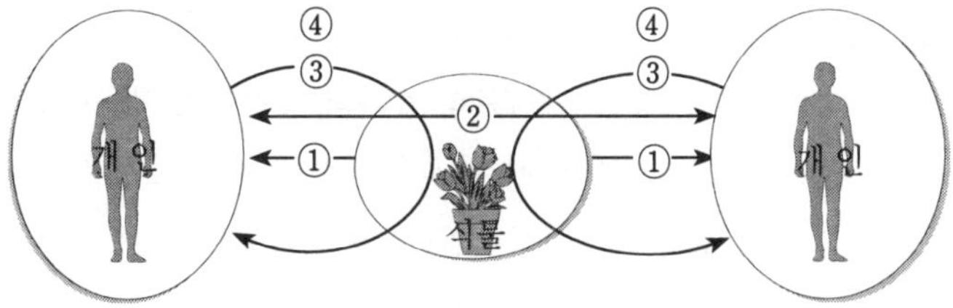

① 식물에 대한 신체적 의존도
② 사회적 상호작용과 식물
③ 정신 생리학적 반응
④ 식물의 생명 돌보기를 통한 반응

원예 역할의 네 가지 측면

식물에 대한 신체적 의존도는 인간의 신체적 측면으로 접근하는 식물과 인간의 연결로 개인의 생존에 필수적인 생산물의 이용에 초점을 두고 있다. 사회적 상호작용과 식물은 인간의 사회적 측면에 대한 이해로서, 원예활동과 식물을 이용한 치료적 효과를 얻는 인간의 사회적 상호작용의 경험은 결국 식물을 매개로 한 개인과 개인의 만남에서 비롯됨을 보여주는 측면이다. 개인이 될 수 있는 것은 대상자와 치료사, 대상자와 대상자, 그리고 대상자와 자원봉사자 혹은 기타 사회의 다양한 분야에서 활동하는 개인 등 그 경험의 범위는 풍부하며, 이 만남의 연결 고리가 식물이 되는 것이다. 인간의 경험에서 정신 생리학적 반응은 정신적, 혹은 인지적으로 얻는 이득에 대한 설명으로서, 위의 도식에서 보여주는 바와 같이 경험의 시작과 끝이 경험하는 주체인 개인이다. 이는 식물이 무조건적으로 제공해 주는 자극을 개인이 수동적으로 혹은 수용적으로 받아들이는 것이 아닌, 경험의 주체가 되어 개인이 스스로 자신의 반응을 조직화하여 받아들임을 의미한다. 이와 함께 인간의 심리적 이득으로 설명될 수 있는 식물의 생명돌보기를 통한 반응 또한 결국 개인이 주체가 되어 능동적으로 식물과의 상호작용을 통해 얻는 치료적 효과의 측면이라 할 수 있다.

이와 같은 네 가지 측면에서 원예의 역할에 대한 설명을 Relf(1992)는 다음과 같이 구체적으로 설명한다.

1) 신체적 의존도

인간의 식물에 대한 신체적 의존도와 우리 주변 물리적 환경에 미치는 식물의 영향을 말한다.

식물은 인간의 존재에 필수적인 역할을 하며 신체적 의존도에서는 식물이 인간의 신체적 성장과 건강을 위해 사용하는 것에 초점을 맞추고 있다.

(1) 식물에서 나오는 산소와 탄수화물

초록 식물들은 지구의 허파들이다. 그들은 산소를 생산하고 이산화탄소를 소비한다. 그리하여 인간과 모든 다른 생명체들이 존재할 수 있는 가능성을 만들어 준다. 식물이 지구에서 끊임없이 계속되는 생명의 기본 바탕이 될 수 있는 방법은 변형에너지와 저장에너지[4]를 통한 식물의 능력을 통해서 가능하다. 대표적으로 식물은 광합성작용을 한다. 식물은 대기중의 탄산가스를 기공으로부터 흡수해 광합성 작용에 의하여 당을 합성하고 잎 내의 수분을 기공으로부터 대기로 증산작용에 의해 방출함과 동시에 대기 중의 오염물질도 기공을 통해 잎내로 흡수한다. 식물은 기본적으로 이러한 광합성과정을 통해 인간생존에 필수적인 산소를 공급하고 이산화탄소를 흡수하게 되는 것이며 그 결과로 인해 식물의 생존이 가능하게 되는 것이다. 이러한 광합성 활동은 생물권의 모든 균형을 성립시키는 핵심이 되며 식물이 인간에게 필수 불가결한 식량, 건축재료, 연료, 약재, 사료, 비료 등과 같은

---

4) 식물에 부딪히는 전체 햇빛 중에서 겨우 2%만이 흡수된다. 그리고 그 빛의 절반만이 광합성에 사용될 수 있는 파장이다. 믿을 수 없는 사실은, 지구에 도착하는 전체 햇빛의 1%만이 지구의 생물권에 전체 살아 있는 부분을 움직여 나간다는 것이다. 이러한 에너지는 전체 먹이사슬을 통해 흐른다. 태양의 힘을 받은 광합성은 대기로부터 이산화탄소를 제거하고 탄소를 추출한다. 그리고 필연적으로 잎과 줄기와 뿌리와 씨앗을 만들어 내기 위해 탄소를 탄수화물이나 단백질, 지방으로 재결합시킨다. 이것들은 또 다른 단계에 있는 즉, 처음 태양에너지로부터 이끌어낸 산물을 획득하고 있는 식물을 먹는 초식동물의 식량이 된다. 다시 말해 태양에너지는, 기본적으로 식물에 의해 사로잡히고 우리의 혈관을 통과해 움직이고 우리에게 힘을 주고 우리의 체온을 유지시키기 위해서 신진대사를 일으킨다. 수백만 년 전에 탄소를 간직한 채로 높은 온도와 압력에 파묻힌 식물은 탄소와 가스와 오일로 변화되었다. 오늘날 가정에서 난방을 돌기기 위해 우리는 이들 연료를 사용한다.

모든 생산물의 기본이 될 수 있도록 하는 가장 중요한 대사작용을 한다(서정근 외, 2000).

(2) 오염된 공기의 정화

1989년에 미국 항공우주국에서 일하는 과학자들은 우주정류소에서의 공기정화를 연구하던 중 특정 식물들이 중독성 물질들의 농도를 90%까지 감소시킬 수 있다는 것을 발견했다. 이러한 공기청정 식물들로는 필로덴드론, 알로에 베라, 스파티필름, 영국담쟁이, 클로로피튬, 아프리카 데이지, 국화, 진달래, 디펜바키아, 그리고 포인세티아 등이 있다. 그 가운데 가장 강하고 흔한 실내식물인 클로로피튬(거미식물)이 가장 효과적인 공기청정 식물이다(Clinebell, 1998). 이러한 실내 식물들은 실내의 온도와 습도의 조절을 돕기도 한다. 또한 나무, 관목, 잔디들은 탄산가스, 스모그, 먼지입자와 같은 공기 오염물질을 정화시키는 능력이 있다. 이와 같이 식물은 물리적인 도움뿐만 아니라 빌딩증후군에 있는 사무실 공간에서 치료제의 역할을 하기도 한다.

(3) 원예를 통해 경작된 수확물의 역할

① 건강유지

원예를 통해 경작된 수확물은 사람의 신체에 음식과 영양의 차원에서 중요한 역할을 하며, 채소, 과일들은 우리의 몸을 건강하게 유지하는데 도움이 된다. 일찍이 서양의학의 시조인 히포크라테스도 '식사로써 고칠 수 없는 병은 약으로도 고칠 수 없는 병이다(이길상, 1994).' 라고 주장했듯이 음식으로서, 건강 유지를 위한 역할로서 식물의 중요성을 알 수 있다.

② 질병예방

원예 활동을 통해 얻은 수확물은 암과 같은 많은 질병들을 예방하는데 사용되는 비타민[5]과 항산화제의 자원이 된다. 비타민은 자기 몸의 면역성, 특히 흉선을 강화시키기 위해서 식물로 비타민 B복합체[6]를 섭취해야 한다. 또한 비타민 E가 항산화제의 구실을 하는데 이는 면역과 건강을 해치는 세포막의 파괴 작용을 방지해 준다. 비타민 E가 들어 있는 작물로는 호박씨, 해바라기씨, 녹황색 채소, 밀눈, 콩 등이 있다.

③ 약의 중요자원

허브들은 약의 중요한 자원이 된다. 우리들이 일상생활에서 애용하는 한약재도 허브의 범주에 속한다. 이미 역사의 기록에서 보여지듯이 스위스 호반에 정착하고 살았던 신석기인들은 200여 종의 식물을 재배하고 수집했으며 이들 중에는 상당수가 약용식물로 밝혀지기도 했다. 또한 약물에 관해 기록한 고대의 점토판 연구 발표에 의하면 기원전 7세기 아시리아 아슈르바니팔 왕 시대의 점토판에 식물성 약물이 250종, 광물성 약물이 120종, 기타 재료성 약물이 180종 수록되었

---

5) 비타민 C, K는 면역기능 보존에 중요한 영양소. 흉선과 임파절 등의 임파 조직을 강화시키며, 인터페론 제조에 필요한 비타민

비타민 K – 양배추, 감자, 대두콩, 커리플라워, 시금치, 보리

C – 신선한 과일, 피망, 귤, 딸기, 토마토, 감, 감자, 고구마, 순무, 고추, 커리플라워, 브로콜리, 파슬리, 케일, 양배추, 아스파라거스, 근대, 꽃상추, 레몬, 오렌지, 무, 시금치, 호박, 마늘, 양파, 옥수수, 오이 등

6) 비타민 B_1(티아민) – 땅콩, 밀눈, 쌀겨, 콩

B_2(리보플라빈) – 정제하지 않은 곡식류, 아몬드, 양배추

B_3(니아신) – 정제하지 않은 곡식류, 콩, 녹황색 채소

B_6 (피리독신) – 정제하지 않은 곡식류, 살구, 콩, 옥수수

콜린 – 콩, 밀눈

엽산 – 녹황색 채소, 콩

는데 이들 중 3/4 이상은 그 처방이 합리적이고 정리가 잘 된 식물성 약물로 판명되었다. 이렇듯, 인류역사의 시작부터 지금까지 식물은 약의 중요자원이 되고 있다(이동석 외 1997).

2) 정신 생리학적 반응

주변의 식물에 대한 인간의 정신 생리학적 반응을 말한다.

인간의 문명이 발달하고 기본적인 욕구를 채우는 능력이 발달함에 따라 자기 주변을 아름답게 꾸미려는 욕구가 증대하게 되었고, 여기에 이용될 수 있는 식물은 인간의 정신 생리학적 건강의 기본 요건을 충족시킨다. 즉, 식물이 있으면 혈압과 다른 스트레스의 원인을 감소시키고 분노와 두려움을 없애주며 행복한 감정을 증가시킨다. 또한 도시 임업가와 환경심리학자들은 연구를 통하여 인간의 주변에 식물이 있는 것은 부유함의 사치가 아니라 음식이 육체적 건강을 위한 기본적인 욕구를 채워주는 것 이상으로 정신 병리학적인 강한 욕구를 채워준다는 사실을 제시하였다. 식물이 대부분의 사람들에게서 미학적으로 가치를 인정받고 있고 건강과 복지에 긍정적인 효과가 있다는 사실로 인해 고객, 여행객 및 종업원을 위한 실내 공간에 식물이 광범위하게 사용되고 있다. 예를 들면 호텔에서 실내조경으로 인해 이익의 증가, 회사에서 초목이 있는 식물공간과 건물을 통합시킨 결과 창의성과 생산성이 증가되었고 종업원들의 옷차림도 변화가 있었다. 최근에는 병원, 호스피스, 건강센터의 시설들도 조경에 대한 투자가 증가되고 있다.

우리 생활 주변에 식물이 있는 것은 왜 좋은가를 설명한 이론과 개인의 환경 지각에 대한 선호도, 자연에서의 다양한 체험들이 가져다주는 원기 회복의 요인에 관한 이론을 살펴보면 다음과 같다.

(1) 사람 주변에 식물이 있는 것이 왜, 어떻게 좋은지를 설명하는 Ulrich와 Parsons(1992)이 정리한 이론들

① **과부하와 자극이론**(overload and arousal)

현대의 세계는 우리를 둘러싼 것들이 우리의 감각을 압도하고 심리적, 신체적으로 과도한 수준의 반응을 가져다주는 많은 소음과 움직임, 그리고 시각적인 자극을 조성한다. 이러한 사회환경은 많은 개발로 더욱 복잡해져 뇌와 자율신경계가 지속적으로 긴장이 되어 신경의 기능이 고갈상태에 이를 수 있으며 모든 신경세포는 계속적인 자극이 가해지면 더 이상 흥분을 할 수 없는 불능 상태에 이를 수 있거나 혹은 계속적인 자극으로 인해서 쉽게 흥분될 수 있는 상태가 된다. 불능상태는 무기력감을 갖고 흥분상태의 예민함은 신경계가 안정을 취하지 못하게 되므로 피로를 느끼게 된다(Restak, 1996). 반면 식물이 우세한 환경은 덜 복잡하며, 각성수준을 낮추고 더욱이 스트레스 감각을 감소시키는 패턴을 지니고 있기 때문에 우리의 주변에 식물이 존재하는 것이 유용하다고 설명하는 이론이다.

② **초기학습 경험이나 양육된 문화의 결과**(learning experience)

이 이론에 따르면 예를 들어 서부 텍사스에서 자라난 사람들은 드문드문 난 자연적인 초목과 사탕수수나 면화 같은 재배 작물들이 있는 편평한 땅에 대해 버지니아의 산악으로부터 온 사람보다 더욱 호의적인 태도를 지니게 되었으며 이 경우, 선인장과 양치식물의 선호도가 다르게 나타난다. 같은 선상에서 미국인들이 건축 양식이 변화함에도 불구하고 그들의 앞마당에 기초적인 식물 심기를 선호하는 이유 또는 미국인들이 도시 급수시설이 손쉽게 유지할 수 없을 정도로 넓은 잔디밭을 열망하는지를 설명하는 데 이 이론을 사용할 수 있다.

Ulrich에 따르면 현대 서구 문화가 사람들이 자연과 식물을 좋아하도록 하는 조건을 형성하고 도시에 대해 부정적인 느낌을 갖도록 한다는 것이다. 그러나 이 이론은 다른 지리적 그리고 문화적 배경 또는 역사적 시대를 바탕으로 한 사람들 사이에서 나타나는 자연에 대한 반응간의 유사성을 참작하지는 않는다. 또 다른 연구는 아동들에게 장소에 대한 감각을 경험하는 것과 관련지어 지상 경관은 마음의 경관을 모양짓게 된다는 결과를 도출해냈다. 이렇게 자랄 때의 주변 환경에 대한 경험은 환경에 대한 경이감과 미학적 감수성을 고양시킨다고 한다(탁광일 편, 1998). 정원에 대한 경험은 아동들이 그들을 둘러싼 세계에 대한 이해와 인지 발달에 작용하고 미래의 삶에도 영향을 끼치게 된다.

③ **진화의 결과**(evolution)

우리가 식물에 대해 반응하는 것이 진화의 결과라는 주장은, 우리가 기본적으로 식물과 결합된 환경 속에서 진화했기 때문에 우리는 정신적, 생리학적으로 식물에 반응하게 된다는 것이다. 이 진화론적 반응은 물이나 돌과 같이 식물과 다른 자연물과의 어떤 조합에 대해 무의식적으로 주의를 기울이거나 능동적으로 반응하는 경향에서 관찰될 수 있다.

연구자들이 발견한 것 중 가장 적극적인 형태의 반응은 초기 인간의 생존을 위해 가장 친근했던 것과 비슷한 환경에 대한 것에서였다. 예를 들면, 한 연구자는 특정한 나무 형태를 선호하는 것과 비슷한 형태의 나무들 근처의 자연에서 음식과 물을 구할 수 있는 높은 가능성과를 연결지었다(Orians, 1986). 또 Balling과 Falk(1982)는 유치원생부터 연장자까지의 개인들에게 각기 다른 여섯 유형의 풍경사진을 보여 주면서 세계 모든 사람들의 지형 선호도를 알아보는 연구를 진행한 결과 사바나 지형을 압도적으로 선호했다. 이들은 한 번도 그 곳에 가 본 적이 없는 사람들이었고 12살 미만의 어린이들은 특히 사바나 지형을 더 선호했으며 이런 선호 경향이 유전적인 것에서 비롯됐다는 또 다른 단서도 찾아냈다. 다른 연구는 우리가 현대 정원에서 즐기는 많은 형태들, 예를 들면 숲 속으로 천천히 돌아가는 통로 등은 초기 인류에게는 안전과 탐험 면에서 매우 중요했었다는 것을 보여주었다.

Kaplan의 진화론적인 조망은 직관적이고 인지적으로 선호하는 식물과 회복성의 영향을 연결하고 있으며 Ulrich는 식물을 포함한 자연의 전경에 대한 첫 번째 단계의 반응은 감정적인 것이라는 이론을 주창한다. 그의 심리진화적 조망에 의하면, 자연에 대한 정서적 반응은 그것들이 인류환경과 관계있듯이 모든 부수적인 생각이나 기억, 의미와 행동에 중심적인 것이다.

(2) 개인의 환경 지각에 대한 선호도

현재까지의 연구들에서 개인이 환경을 바라보기만 해도 여러 가지 유익을 얻는 다는 결과들이 많이 나타나고 있는데, 각 연구들에 대한 결과를 보기에 앞서 개인의 환경 지각[7]에 대한 설명을 살펴보면, 각 개인은 환경을 지각하는 데 있어서 자신에게 축적된 과거 경험을 도

---

7) 지각이란, 감각 기관에 들어온 자극에 통합성을 부여하여 경험으로 자각하기까지의 과정을 의미한다. 이 과정을 Lewis(1976)는 "우리는 식물과 자연경관을 포함해서 자연물체를 크기, 모양, 색깔, 무게 같은 특성에 의해 감정한다. 이들 특성을 평가하는 동안 동시에 우리는 물체에 대한 정신적 경험을 정리하고 그것들과 우연히 대변하는 중에 발생한 어떤 내면세계의 느낌을 정리한다. 그 때 이러한 경험들의 특성이 잠재의식적으로 그 물체와 합성된다. 후에 만남에서 그 물체에 대한 이미지가 생각과 느낌을 저장했던 샘플들이 우리를 정신적인 면에서 자극하게 된다. 그 때 그것이 우리가 그 물체를 어떻게 해석해야 할지를 결정하게 될 것이다."라고 설명하고 있다.

입하고, 그럼으로써 환경이 어떻게 경험되어지는가에 영향을 미치게 된다는 것을 알 수 있다. 그러나 이들 지각은 잠재의식 수준에 있기 때문에 증명하고 의식수준으로 바꾸어 설명하기가 매우 어려운데, Kaplan(1973)은 그의 연구에서 중간개념인 선호도(preference)를 사용하여 도출하였다. 표본 집단에 대하여 선호도의 형태를 분석함으로써 환경에 대한 인식과 범주에 관하여 몇 가지를 밝혀냈는데, 선호되는 형태의 환경은 크게 두 가지 타입의 환경범주로 나눌 수 있다. 환경의 내용에 기초한 것과 공간적인 형상 또는 배열에 기초한 것이 그것인데, 내용에 기초한 범주는 인간에 의한 영향의 크기나 종류에 기초하여 구분되어진다. 예를 들면 빌딩에 압도당하는 전망은 식물이 있고 빌딩이나 도로나 다른 인공물들이 없는 전경과 구분되는 범주를 형성하는데, 다른 연구자들과 Kaplan은 자연이나 식물의 전경이 빌딩 전경에 비해 압도적으로 선호된다는 것을 증명하였다. 이를 도식적으로 살펴보면 다음과 같다.

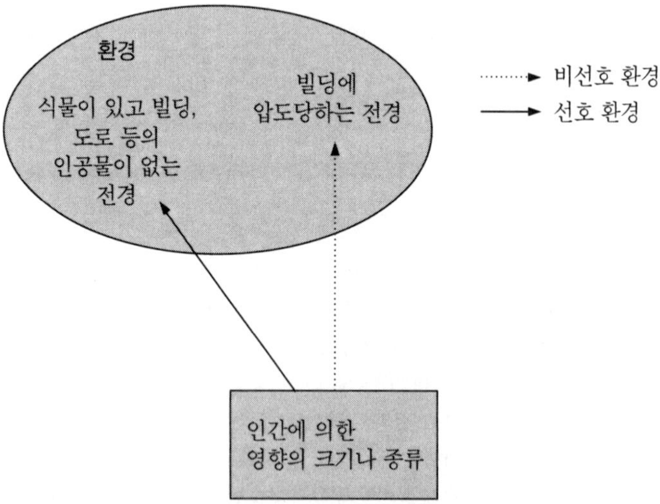

내용 범주에 의한 전경의 선호도 판단

위의 그림에서 보는 바와 같이 개인의 환경 지각 내용에 기초한 범주 내의 선호도를 나누는 기준은 인간에 의한 영향의 크기나 종류로서 그 영향의 크기가 적고 종류가 작은 환경을 선호하는 것으로 연구결과가 나타났다.

두 번째의 범주는 공간적 형상 또는 배열에 기초한 범주인데, 이 범주에서의 선호도에 대한 판단은 있을 수 있는 제약뿐만 아니라 어떤 행위를 할 수 있는 가상의 가능성과 관련되어 있는 근본을 이루는 규준을 제안한다. 즉, 사람들이 선호도를 판단하는 데 있어서 공간적인 형상에 기초를 하였을 때, 규준이 되는 것은, 판단을 하는 사람에게 주어질 수 있는 제약과 그 사람이 어떤 행위를 할 수 있는 가상의 가능성에 대한 고려에 의해 선호도가 결정된다는 설명이다. 이에 덧붙여, 공간적 형상의 범주는 차별이 적은 개방성이라는 용어로 특징지을 수 있는데, 여기에서 차별이 적은 개방성은 전형적인 농장, 습지,

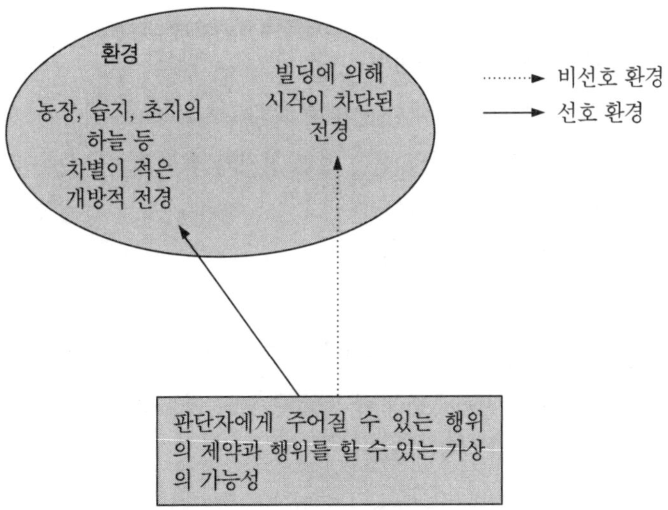

공간적 형상 또는 배열 범주에 의한 전경 선호도 판단

초지 등의 하늘과 같은 것이다. 차별이 적은 개방성의 부족이라는 개념은 시각이 차단된 것과 같은 특징을 지니며, 다음과 같이 나타낼 수 있다.

공간적인 형상 또는 배열에 기초한 선호도의 기준은 환경을 바라보는 지각자 혹은 판단자에게 주어질 수 있는 행위 - 여기에선 예로서 시각의 경우인 '본다'는 행위를 들었다 - 의 제약과 행위를 할 수 있는 가상의 가능성에 따른다. 즉, '본다'라는 행위에 있어서 그 행위를 하는 사람에게 농장이나 습지 등은 빌딩들이 존재하는 공간보다 제약이 적으며, 의도하는 행위를 할 수 있는 가능성이 더 크다고 볼 수 있는데, 이러한 기준에 의해 선호 여부를 결정한다는 설명이다. 이와 더불어 설득력 있는 공간적 개념은 종종 "파크랜드"라는, 입체감과 생동감을 더해줄 수 있는 서로 구별되는 나무들로서 조성된 공간이며 상대적으로 개방된 공간이라는 것으로 특징되는 개념이 있다. 이러한 "파크랜드" 환경이 가장 선호되는 환경 중의 한 가지로 되어 가고 있다.

(3) 자연 참가의 원기회복 요인

개인의 환경 지각에 대한 연구를 토대로 Kaplan은 다음과 같이 정리했다. 즉 황무지 체험과 같은 자연 참가의 회복적 유용성은 다음 네 가지 범주를 수행하는(자연 환경과 능동적인 관계를 맺는 인간과 상호작용) 능력에 있다고 본다.

벗어나기(Being away) 스트레스를 주는 환경과 전혀 다른, 탈출의 느낌과 다른 것들에 대해 생각할 수 있는 가능성의 증가가 있는 그런 환경을 제공하는 것이다.

상상의 크기(Extent) 그 환경이 크기가 충분히 커서 경계를 넘어

가지 않고서도 경험을 할 수 있고, 구성요소들이 서로 연결되어 있고 전체적으로 하나로 통합되어 있는 환경을 내포한다. 여기에서의 크기는 물리적인 크기가 아니라 오히려 개념적인 크기로 정의되는 것이며, 따라서 어떤 사람에게는 미니 정원, 테라리움, 채소밭 한 평이 다른 사람에게는 수십 평의 토지와 같은 효과를 제공해 줄 수 있다.

매혹(Fascination)　매혹은 무의식적인 주의를 끌어낸다. 즉, 사람이 하는 일에 있어서 잡념이나 백일몽을 쫓기 위하여 의식적인 몰두를 해야 할 필요는 없다. 종종 스트레스를 주는 일은 의식적인 집중을 해야 하는데, 매혹이라는 요인은 사람이 스트레스를 받는 일에 주의를 집중하기 위해서 기울인 노력으로부터 회복시켜준다.

공존(Compatibility)　자신의 개인적인 목표와 만나도록 유도해 주는 환경에 의해서 만들어진다. 즉, 양립하는 환경에서는 지금 자신이 하고 싶은 일과 앞으로 무엇인가를 시도하려고 의도하는 일이 요구되며, 구체적인 사고의 과정을 거치게 되므로 그 일들이 실현 가능해진다.

이상과 같이 자연의 조화를 감상하고 관찰하는 인간의 보는 행위가 수동적인 형태의 모습을 보이고 있으나 그 내부 즉, 우리의 뇌 속에서는 능동적인 존재로서, 다양한 정보와 이전 지식들이 연결되고 있음을 생각할 수 있으며 위와 같은 Kaplan의 이론은 '쉰다, 쉼'의 뜻을 가진 한자로도 풀이할 수 있다. 즉 쉴 휴(休)는 사람이 나무 곁에 있는 모습이며 자연과 하나가 된다라는 개념을 가진 동양적 관념에서 역시 매우 자연스러운 인식이라 하겠다.

이렇듯 '보다', 인식, 지각이라는 단어의 의미는 역동적이며 능동적인 것을 말한다. '객관적'인 세계가 따로 떨어져 존재하고 자극에 수동적으로 반응하는 것이 아닌, 스스로가 자유롭게 반응하는 것이라는 관점을 취하게 된다. 그렇게 됨으로써 살아 있는 생물이란 '자기생산조직'(Maturana, 1995)이라고 정의 내릴 수 있으며 생물은 주변환경과 상호작용하며 자신을 실현한다. 환경의 자극으로 생물에게 어떤 변화가 생길지를 결정하는 것은 그 생물의 내면구조인 것이다. 특히 신경계가 있는 인간에게는 언어와 자기인식이 있고 그 둘은 유기체 내면의 영역의 확장에 중요한 역할을 하기 때문이다.

이렇게 될 때 인간의 가장 수동적인 행위인 '보는 것'만으로 자연참가를 하더라도 변화를 이끌어 낼 수 있는 존재가 된다.

3) 식물의 생명 돌보기를 통한 반응

정원을 가꾸는 행위에 대한 인간의 반응을 말하며 이는 물리적인 행위를 통해서 체득된 행위의 의미를 알아가게 되는 것으로서 식물을 사랑하며 돌보기를 통해 자신, 혹은 공동체를 사랑하고 돌보는 것에 대한 연관과 가치를 추구하게 된다.

(1) 생명을 돌보는 인간으로서의 역할모델을 제시

식물을 돌보는 행위는 인간성의 필수적인 요소를 표현하는데 그것은 우리 이외의 생명을 돌보고 기르는 욕구이다. 일본의 사회원예학자인 Matsuo(1995)는 원예, 특히 식물을 돌보는 행위는 우리들이 인간으로서 살게끔 도와준다고 설명한다. 여기서 말하고 있는 '인간으로서 산다'의 이해를 돕기 위해 '사람다움'의 의미와 연관지어 생각해 보려 한다. Maturana(1995)는 생물학적인 관점으로 '사람다움'을 설명한다. '사람다움'이란 내 곁에 남을 받아들이는 일이며 이는 사회적 현상의 생물학적 기초라고 말하며 그 행위를 사랑이라고 부른다. 생물학적인 사랑 없이, 다른 이들을 받아들여 우리 곁에서 살도록 놓아두는 일없이 사회화 과정과 사회화, 나아가 사람다움이란 있을 수 없다고 말한다. 여기서 Matsuo도 '사랑하며 돌보기'라는 개념으로 식물을 돌보는 행위를 설명한다. 양육, 돌보는 행위는 우리의 행동과 생각에 균형과 조화를 제공해 주고 그럼으로써, 인생이 살 만한 가치가 있게끔 우리를 안내해 준다. 이 균형은 현대 사회에서 불균형적으로 자라난 획득이라는 요소에 대비되는 돌보기(양육)라는 창조적인 힘을 통해 얻을 수 있다. 여기서 획득은 육체나 심성을 유지하려는 것에서부터 비롯된다. 개인의 심성을 높이기 위한 행위 - 독서, 관람, 구매, 수확 등 - 를 말한다. 돌보기는 종을 유지하는 데서 비롯된다. 그것은 자기 자신 이외의 생명의 지속성을 위한 생명 돌보기까지도 확대될 수 있는데 이것은 아이를 가르치고, 돌보는 것, 정원 돌보기 같은 행위를 포함한다. 여기에서 양육의 면은 식물을 돌보면서 공동체 양육, 자신의 양육에 무엇이 필요하게 되는가에 대한 추론을 의미한다. 예를 들면 식물 돌보는 행위 가운데 물주기를 이용해 자신에게 물을 주는 것은 어떤 의미가 있는가에 대한 고찰로 이어져서 자기 객관화, 자기 성찰의 의미와 연관짓게 됨을 말한다. 양육과 획득의 요소를 정리하면 아래의 표와 같다.

원예활동에서 양육과 획득의 특성

행 위	개인적인 면	사회적인 면
양 육	식물을 돌봄. 인격의 성숙 감정조절 인내와 사랑을 배움.	자연에의 회복, 아름다움을 추구, 유쾌한 환경을 제공, 다른 사람과의 관계회복, 풍성한 삶을 추구함, 생명체를 동등시함
획 득	생산물 수확, 인간에게 유익한 것들을 생산, 발견 혹은 이용	생산물을 제공, 경제적 이윤추구 수단으로 취급, 인간의 행복을 추구함.

출처 : Matsuo(1996).

(2) 즐거움, 기쁨, 자존감, 자신감, 의욕의 향상

Matsuo는 원예치료에서의 '원예'를 식물을 돌보는 인간의 행위가 내포된 활동으로 한정을 지으면서, 식물을 돌본다는 인간의 행위는 활동적인 참여와 감각적인 참여로 이루어진다고 설명한다. 원예에서의 활동적인 참여와 감각적인 참여는 서로 상호작용하며, 각각의 참여는 즐거움, 기쁨, 자존감, 자신감, 의욕 등을 일으킨다. 그리고 각각 참여의 상호작용은 신체적, 정신적 상태의 향상을 이끎으로써 더욱 확장된다.

여기에서 활동적인 참여와 감각적인 참여의 상호작용 결과로 나타나는 긍정적인 정서적 반응에 이르는 과정에 대한 설명은 감각통합이라는 개념이다. 감각통합이란 인간의 신체기능 중에서 외부의 자극을 받아들이는 통로가 되는 감각들을 신체적, 정신적 활동을 위하여 조직화하는 것을 말한다. 즉, 대표적으로 구분되는 인간의 다섯 가지 감각(五感)에서 받아들여진 정보들이 두뇌에서 조직화되어, 다음단계의 신체적이거나 정신적인 활동의 기초를 이루는 것을 감각통합이라고 한다. 감각통합의 큰 발달은 인간의 생애 초기에 거치는 몇몇 발달단계에서 이루어지는 적응반응을 하는 동안 이루어진다고 설명된다. 적응반응은 감각 경험에 대한 목적 지향적인 반응으로, 예를 들면 신생아가 딸랑이를 보고 잡으려고 손을 뻗치는 행동을 하는데 손을 뻗치는 행동이 적응반응이며, 이러한 반응을 통해 신생아는 자신의 시각과 다른 여타 감각들 간의 통합을 이루어 행위로 나타내는 것이다.

감각통합이 다양한 경험들에 의해 발달되어 환경의 요구에 부응하는데 충분하게 되었을 때, 인간의 반응은 효율적이고, 창의적이며, 만족스러운 것이 된다. 이렇게 외부 환경에 대해 효과적으로 반응을 할 수 있는 경험은 인간으로 하여금 '즐거움'을 갖도록 한다. 아동의 경우에서 자주 볼 수 있는 '즐겁다'라는 것은 감각통합을 이루었을 때 나타나는 표현이다. 감각을 조직화하는 것은 우리에게 만족을 가져오며, 감각통합이 잘 되면 될수록 더 큰 만족감을 가져온다.

감각통합에 대한 설명들에서 주장하는 바는 인간이 자신의 두뇌발달을 촉진하는 것을 즐기도록 태어났으며, 이러한 두뇌의 발달은 감각통합에 의지하게 되며 이것은 감각처리과정의 중요한 형태라는 것이다. 여기에서 감각은 두뇌의 음식이라고 표현할 수 있는데 신체와 정신을 움직이는 데 필요한 에너지와 지식을 공급한다. 따라서 우리는 자연적으로 우리의 두뇌를 조직화하는 것을 돕는 감각자극 활동을 찾는다는 것이다. 이것을 바탕으로 위에서 설명한 Matsuo의 활동적 참여와 감각적 참여의 상호작용을 보면, 결국 인간의 다양한 감각을

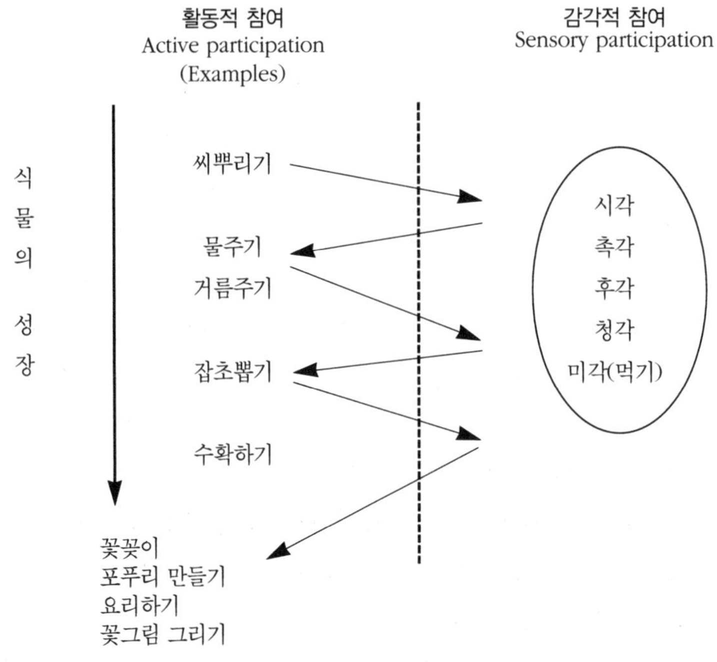

활동적 참여와 감각적 참여의 상호작용

자극시키는 원예가 그것에 참여하는 사람들로 하여금 긍정적인 정서 반응을 경험하게 하며, 좀 더 나아가 신체적, 정신적 상태의 향상을 이끌어 내게 되는 것이다.

활동적인 참여와 감각적인 참여의 상호작용으로 사람은 감각의 통합이라는 긍정적 정서 반응을 일으키는 경험을 함과 동시에, 다른 한편으로 활동적 참여의 결과로 나타나는 식물의 성장, 그리고 그 성장한 식물을 이용한 다양한 활동 결과물들이 참여자들이 얻은 정서 반응을 더 강화시키며, 이 둘 사이의 상호작용 효과를 생각해 보면 원예활동을 통한 모든 이득을 포함할 수 있을 것이다. 즉, 내적인 것과 외부적인 사이에 다리를 놓는 것은 우리의 감각들의 기능이다. 그것들은 삼차원세계로부터 우리의 정신세계의 복잡한 통로로 메시지를 전달한다.

감각적 참여에 대한 이해를 위해 감각을 더 자세히 살펴보면, 일반적으로 감각이라고 말하는 자극의 수용 통로는 크게 다섯 가지로 나누어 보는데, 시각, 촉각, 청각, 후각, 미각이 그것이다. 이러한 자극으로 내적 감각으로 분류되는 고유수용감각(proprioceptive sensation)과 전정감각(vestibular sensation)에 영향을 미쳐 우리의 몸은 자꾸 움직이게 된다. 전정감각과 고유수용감각의 발달에는 몸의 움직임이 필수적이다. 이렇듯 감각적 참여는 오감과 내적 감각의 통합을 이끌어 낸다. 여기에서는 오감과 고유수용감각과 전정감각의 기능을 좀 더 자세히 살펴보면 다음과 같다(박경숙, 1995).

시각의 감각기관은 눈이다. 눈은 망막에 상을 맺게 하는 렌즈와 감각 세포들이 배열되어 있는 망막, 그리고 이들의 기능을 보조하는 조직들로 구성되어 있다. 시각의 기본 차원은 명도, 색상, 채도, 및 형태로서 이들 시각 차원들은 각각 광에너지의 강도, 파장, 파장의 혼합 비율 및 광에너지의 분포에 의해서 결정된다. 망막은 환경에 대한 빛의 파장을 감각하는 수용기로서, 빛은 뇌간의 시각처리 중추에서 시각적 감각 투입을 보내는 망막을 자극한다. 이 중추는 신경충동을 처리하여 다른 형태의 감각정보-특히, 근육, 관절, 전정감각기관으로부터 투입된 정보-와 망막을 통해 들어온 정보와 관련짓는다. 이러한 뇌간의 통합은 물체의 위치와 환경에 대한 기본적인 인지를 형성한다. 그리고 이 정보들은 다른 형태의 신경의 부가적인 조직화, 정교화 및 통합이 일어나기 위해 대뇌 반구를 통해 다른 조직으로 보내지게 되는데, 이 영역은 다른 감각으로부터 얻은 정보의 도움을 얻어서 자세하고 정확한 시각적 변별이 일어나는 곳이다. 두뇌의 모든 수준에서의 적절한 기능과 시각적 투입에 의한 여러 형태의 통합은 환경에 대한 의미를 알아내는 데 필요하다.

청각의 감각기관인 귀는 외이, 중이, 및 내이로 구성되어 있다. 청각의 기본적 차원은 음강, 음정, 음색 및 청각 형태이며, 이것은 각각 음파의 에너지 강도, 진동수, 진동수의 혼합비율 및 음파 에너지의 시간적 분포에 의해서 결정된다. 시각적 투입과 마찬가지로 청각 충동의 어떤 것은 뇌간의 다른 부분과 소뇌에 보내져 다른 감각과 운동 메시지를 통합한다. 청각 정보는 감각 정보와 혼합되어 대뇌 반구의 여러 부분으로 보내진다. 이러한 과정의 가장 복잡한 부분은 특정 소리를 선택하여 의미 있는 음절과 어휘로 파악하는 것이다.

촉각(피부 감각)은 크게 촉감, 온도감각, 통감으로 나누어진다. 피하에 존재하는 특수한 형태를 지닌 다양한 세포들에 의해 전달되는 촉각은 기계적 에너지가 가해지면 그에 전기적 반응을 일으켜 중추신경계로 전달한다. 촉각 정보는 뇌간을 통해 두뇌의 많은 부분으로 넓게 전달되는데, 이 충동의 많은 부분은 우리를 의식하게 만드는 대뇌피질까지 전달되지 않는다. 대신에 이 충동들은 우리가 효율적으로 움직이고, 망상체의 각성체계에 적응하고, 감정에 영향을 주고, 다른 형태의 감각정보에 의미를 주는 것을 돕도록 두뇌의 하위 수준에서 활용된다. 이러한 촉각에 부연하자면, 촉각 기관은 자궁 내에서 최초로 발달하는 신경체계이며, 시각과 청각 자극이 발달하기 시작할 때 효과적으로 기능하는 기관이다. 이러한 이유 때문에 촉각은 전체적으로 신경의 조직화에서 아주 중요한 것이 되는데, 신체에 아주 많은 촉감 자극이 없으면 신경조직은 '불균형'을 이루게 된다.

후각과 미각은 그것을 일으키는 자극이 화학물질이기 때문에 화학적 감각으로 분류되기도 한다. 후각은 화학물질의 입자가 후각상피세포라 불리는 감각세포들을 자극하면 여기에서 전기적 변환이 일어나며 중추신경계로 그것을 전달하게 된다. 미각은 후각보다 민감하지 못한데, 우리의 혀와 입천장에 미뢰라는 감각세포들에 의해 자극을 전달한다.

전정 감각은 우리가 신체의 균형을 유지할 수 있는 정보들을 중추신경계에 보내게 되는 내부 감각이다. 이 감각은 내이에 있는 세반고리관의 기능에 의해 얻어지는 감각으로 신체의 위치와 중력과의 관계에 관한 정보를 처리한다. 중력수용기에 의한 중력과 신체의 관계에 대한 감각 정보와 신체의 움직임에 대한 세반고리관의 정보의 조합은 우리가 움직이는지, 혹은 정지하는지, 우리가 얼마나 빨리 어떤 방향으로 가는지에 대한 정밀한 정보를 알려준다. 이 정보는 아주 기본적이기 때문에 우리의 두뇌에서 이 정보가 처리되었는가를 알기는 어렵지만, 이것이 처리되지 않았다는 것은 상상할 수 없다. 이러한 전정감각은 대부분 전정핵과 소뇌에서 처리되며, 기타 다른 뇌의 부분으로도 정보가 보내지는데, 뇌의 상위수준으로 올라간 정보는 촉각과 고유수용감각, 시각, 청각 등의 정보들과 상호작용하여 공간지각 및 공간 내에서의 자세 유지와 방향감각을 갖도록 한다. 그리고 시각적 정보는 물리적 근거에 의해 비추어진 것과 관련지을 수 없는 한 소용이 없는데, 세반고리관은 우리들이 보는 것에 충분한 의미를 주는 물리적 근거를 제공한다.

고유수용감각은 우리가 의식하지 않는 동안에 특정 세포들이 근육이나 관절 상태에 관한 정보를 중추신경계로 보내는 감각을 말한다. 신체의 공간적 움직임에 관한 감각이기 때문에, 이를 신체 운동감각이라고도 부른다. 우리의 행위는 고유수용감각이 있기 때문에 가능한데, 물체를 들 때 물체의 무게에 따라 적당한 힘으로 들어올리고 걸음을 걸을 때나 앉을 때, 그 과정을 시각적으로 관찰하지 않아도, 그리고 의식하지 않아도 자연스럽게 다리를 굽혔다 폈다를 하게 되는 것이 이를 보여주는 예이다. 이러한 고유수용감각은 척수에서 뇌간과 소뇌에 전달되며, 어떤 것은 대뇌 피질까지 전달되는데, 대부분의 정보는 의식수준 이하에서 처리된다. 우리의 몸이 스스로 물리적 상태를 인식하는 지각구조를 의미하는 이 감각을 통해서 우리는 몸의 자세와 운동상태를 지각하고 관절의 위치와 근력까지 지각할 수 있다. 특히 이 감각의 개념을 우리의 사고 구조로 확장시킨 물리학자 David Bochem(1994)은 고유수용감각을 '내적 메커니즘' 으로 설명하고 있는데, 우리의 사고에도 고유수용감각이 있어서 사고의 위치나 상태 등을 스스로 지각하는 구조를 지니고 있으며, 이것으로 우리는 우리가 사고하는 그 순간에 사고를 인식하는 것을 가능하게 한다고 설명한다. 실제적으로 나타난 고유수용감각에 문제가 있는 경우에 보이는 특성은 ① 뻣뻣하거나 부자연스러운 움직임을 한다 ② 움직임이 둔하거나 자주 넘어진다 ③ 눈으로 보지 않고서는 움직임을 할 수 없다 ④ 손의 힘 조절이 잘 되지 않는다 ⑤ 걸을 때 발바닥으로 '철퍽철퍽' 치면서 걸어 피드백을 얻으려 하는 행동을 보인다 등이 있는데, 이와 같은 문제를 사고의 영역으로 연관지어 보면, 사고가 경직되어 있으며, 유연하고 자연스러운 움직임이 없고, 구체적인 사물이 없으면 사고의 추론 과정이 진행되지 못하여 조절능력이 없음을 알 수 있다.

이와 같이 감각들은 원예활동은 주어지는 정보를 받아들이는 외부의 다섯 감각과 함께, 내부 감각인 고유수용감각과 전정감각의 정보들이 통합될 수 있는 경험을 제공하며, 이것은 우리에게 긍정적인 정서 반응으로서 기쁨과 즐거움, 자신감과 의욕의 향상을 얻도록 해 준다. 사랑하며 돌보는 행위는 생물학적 유기체로서의 만족과 즐거움을 가져다주는 경험이며 감각의 자극을 통한 적응적인 반응은 자기 존중감을 형성시키고 발달시키는 주요한 원동력이 된다. 정리하면 원예활동을 통한 우리의 경험은 활동적 참여와 감각적 참여로 나누어 볼 수 있으며, 감각적 참여에 의한 감각 통합의 경험은 우리에게 기쁨을 느끼게 하고 자존감의 형성 및 성장의 기회를 제공하고 활동적 참여는 실제적인 강화물로서 식물의 성장을 관찰하거나 열매, 그리고 성장한 식물을 통한 활동 결과물들을 줌으로써 양육이라는 우리의 활동에 피드백을 제공해 준다.

(3) 생명에 대한 본질적인 이해를 돕는다

식물을 기르는 과정을 통해서 생산된 산물은 최상품을 쉽게 얻지만 식물을 기르는 행위의 균형과 조화는 경제적 필요성 때문에 잃어버리게 된다. 즉 내면의 최상품이 무엇인가를 생각하는 사고의 움직임이 없기 때문이다. 그러나 아마추어 정원사들, 학교정원, 원예치료 세팅에서 얻을 수 있는 '돌보기' 과정의 매력은 심리적 공간에 대한 탐색으로 말미암아 진정한 의미의 휴식과 그것으로 인해 느끼는 평화스러움을 체험하게 된다. 이러한 사실이 근거가 되어 우리는 원예활동을 할 때 즐거움과 행복한 감정을 맛보게 되는 것이다. 이와 같이 식물은 우리에게 삶이 긴 시간에 걸쳐 이루어지며, 인내함의 법칙에 의해 이루어진다는 것을 보여줌으로써 생활에 있어서의 걱정과 긴장을 없애

준다. 예를 들어 뿌리가 자라기 위해 헤쳐 나가고, 씨가 싹트고, 잎이 열리는 데는 시간이 걸린다. 식물들은 해의 움직임에 대해, 계절이 바뀌는 신호에 대해 명백히 반응한다. 이러한 식물들의 리듬은 인간의 생체시계와 같은 형식으로 그들 유전자 내에 입력되어 있는 생체적인 것이다.

또한 사람들은 식물을 기름으로써 균형을 얻을 수 있을 뿐만 아니라 식물의 성장을 관찰함으로써 생명에 대한 이해와 생명을 유지하는 리듬에 대한 이해를 얻게 된다. 생명을 유지하는 리듬이란 자연이다. 자연이 바로 리듬 그 자체이며 이러한 리듬은 무수히 많고 다양하다. 예를 들어 우리의 심장과 폐는 일정한 율동주기에 따르고 그 율동의 시간 간격은 우리 몸의 필요에 따라 정해진다(Capra, 1985). 대부분 자연의 리듬은 심장의 박동과 마찬가지이다. 자연의 리듬은 '표면에 드러나지 않으면서' 스스로 유지된다(Stewart, 1996). 그 밖의 리듬도 우리의 호흡과 비슷하며 계속되는 지정 패턴이 있다. 자연과 식물을 관찰하면서 우리는 이것을 알 수 있게 된다. 이처럼 생명이라는 것에 대한 전체적인 밑그림, 느낌을 간직할 수 있게 된다. 생명에서 중요한 또 하나의 개념은 변화를 통한 역동적인 안정성이라고 표현한 감각이다. 이것은 예를 들어 지속적인 변화 없이 식물은 생존할 수 없으며 식물은 열매를 맺기 위해 꽃을 피워야만 하고 겨울을 넘기기 위해서 휴지기를 거쳐야만 한다. 이렇듯 자연의 리듬이 있고, 모든 사물에는 시간과 계절이 있다. 어떤 것도 이러한 자연의 법칙 밖에서는 생존할 수가 없다. 1900년 프랑스의 리셰는 다음과 같이 안정성과 살아있는 생물의 관계를 설명한다. "생물은 안정한 것이며 외부에서 오는 자극에 반응하기 쉽고 그 자극에 따라 자기 자신의 신체를 변화시켜 그 자극에 적응하려는 능력을 가지고 있으므로 비로소 생물의 안정성을 유지할 수 있는 것이다. 생물은 변화할 수 있기 때문에 안정한 것이다" 라는 주장이다(이길상, 1994). 이 변화의 요인이 인간을 자극하게 되어 무기력한 상태에서 벗어나도록 돕고, 예측 가능한 자연의 주기 변화는 급속한 속도감을 완화시킨다. 또한 사람이 식물과 함께 해야만 하는 적극적인 반응에 대한 설명은 그것이 라이프 사이클을 다루고 있기 때문이다. 대부분의 사람들은 이미 식물의 라이프 사이클에서 그들 자신의 라이프 사이클을 읽어내었다. 그렇게 됨으로써 인생 전체에 대한 이미지를 간직하고 단기, 장기 목표를 통해 삶을 전체적으로 건강하고 아름답게 영위해 갈 수 있다.

4) 사회적 상호작용과 식물

식물이 있다는 것과 식물을 기른다는 것에 의해 야기되는 인간의 사회적인 상호작용과 의사소통을 말한다. 철학자 Martin Buber (2000)는 인간의 상호작용을 대화라고 규정한다. 이와 같이 인간과 인간 사이에 이뤄지는 대화의 내용에 의해서 자존감, 자신감을 가질 수 있게 되며 의미 없는 정보의 주고받음은 인간이 가진 문제해결이나 발달에 도움이 되지 않음을 인식해야 한다. 따라서 사회적 상호작용에 영향을 미치는 커뮤니케이션의 수준을 살펴보면 다음과 같다.

(1) 커뮤니케이션의 수준

일반적으로 사람의 상호작용은 두 사람 이상의 사람들이 같이 존재하거나, 가깝게 일을 함으로써 일어나는 서로에게 미치는 영향의 존재로 설명된다. 즉, 서로의 존재로 인해 발생되는 영향이 상호작용인데, 사람과 사람이 영향을 주고받는데 있어서 핵심적인 것은 커뮤니케이션(communication)으로 볼 수 있다. 원래 커뮤니케이션의 어원을 보면 전달하다(pass along), 주다(give), 혹은 연결하다(be connected)라는 뜻이 있는데, 커뮤니케이션을 넓은 뜻으로 볼 때에는 "상징체계를 통한 의미의 전달"이라는 뜻으로 사용된다. 한편 사회학이나 심리학에서 쓰일 때에는 "사람들의 생각, 감정, 의견, 정보 등을 전달하는 총체적 과정"이며 "의미의 공유를 위해 사람들 사이에 사용하는 상징적이고 상호작용적인 과정"으로 정의되는데, 이는 언어적 방법과 비언어적 방법의 사용을 포함하고 있다. 또 다른 관점에서 Maturana(1995)는 의사소통이란 '정보의 전달'과는 관계가 없다는 입장을 취한다. 왜냐하면 의사소통 현상은 무엇이 전달되는 것이 아니라 '받는 이'에게 무슨 일이 일어나는 가에 따라 좌우되기 때문이라고 설명한다. 여기서 원예치료사 역할의 전문성이 요구된다. 일방적인 정보 전달이 아닌 대상자에게 어떤 상태로 받아들여질 것인가에 대한 고찰이 있어야 한다.

이러한 사람의 커뮤니케이션은 크게 다섯 가지 단계로 나누는데, 피상적 단계부터 심층적 단계까지 다섯 수준으로 나누고 있다(최성애, 2000).

① 1단계 - 상투적 대화를 하는 단계

이 단계에서는 서로 인사만 하게 되는 단계로 다음 단계의 대화로 발전할 수 있는 계기를 마련해 주기도 한다.

② 2단계 - 사실을 이야기하는 단계

여기에서는 모두 '사실'만을 나열할 뿐 아직 개인적인 의견이나 판단은 들어가 있지 않은 대화의 단계를 말한다.

③ 3단계 - 생각[8]과 판단을 이야기하는 단계

이 단계에서는 '나'에 대해 약간씩 전달하게 되는데, 커뮤니케이션 참여자들은 자신의 생각을 말하고, 자신이 판단한 것이나 결정한 것에 대해 이야기한다. 그리고 이 단계에서 상대방의 태도에 따라 나의 자기 존중감에 보탬이 될 수 있고, 손상을 받을 수도 있다.

④ 4단계 - 느낌[9]을 꺼내 보이는 단계

사람에게 '인사말', '사실', '의견' 들 보다 훨씬 더 자신만의 것이 감정인데, 4단계에서는 이렇게 서로의 느낌을 나누는 커뮤니케이션을 하게 된다. 느낌 단계까지 공유될 때 사람들은 자아충족감, 친밀감, 위축되지 않은 자아 확장감을 느낀다.

⑤ 5단계 - 감정[10]이입의 단계

사람의 커뮤니케이션이 다다를 수 있는 최고의 경지로 표현되는 이 단계에는, 굳이 말이나 글로 표현하지 않아도 알 수 있는 마음이 통하는 단계이다. 감정이입이란 다른 사람이 경험한 감정을 느끼는 능력으로서, 타인의 입장에 자신을 놓아 보는 것이다. 이것은 서로를 이해하고 잘 어울리는 능력에 중요한 역할을 하며 감정이입을 잘하는 사람은 동정심과 타인을 도울 가능성이 더 크다. 따라서 원예치료사는 여러 관점을 갖고 논쟁이 일어났을 때 서로 다른 관점을 보도록 도와주어야 한다.

---

8) (머리를 써서) 궁리함, 思考. Jung(1988)은 사고를 '그것이 무엇인지를 말해 준다'라고 설명한다.

9) 느끼는 일, 자극을 받아 감각이 일어나다. 감정이 우러나다. Jung(1988)은 느낌을 '그것이 불쾌한지 아닌지를 말하는 것'이라고 설명한다.

10) 느끼어 일어나는 심정, 마음, 기분. 기쁨, 노여움, 슬픔, 두려움, 공감, 불쾌감 등 마음의 현상

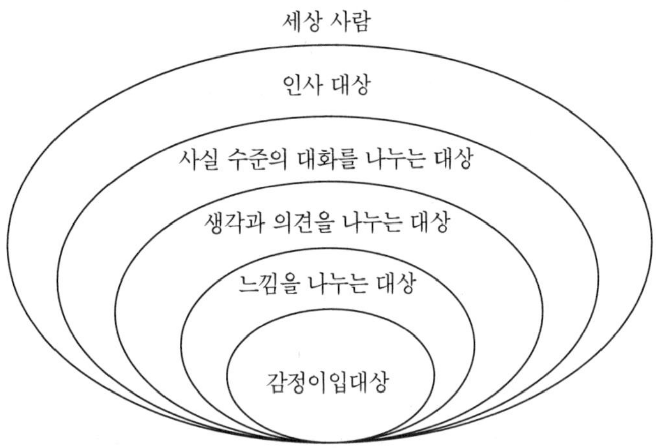

커뮤니케이션의 단계

출처: 최성애(2000).

원예치료에서 작용하는 상호작용의 메커니즘은 위와 같은 사람들에게서 일어나는 일반적인 상호작용을 기반으로 원예의 특성이 작용하여 일어나게 된다. 여기에서 원예의 특성이란 많은 사람들이 언급한 바와 같이, 식물은 사람을 위협하지도, 차별하지도 않는 것에서 기인한다. 즉, 원예치료가 이루어지는 상황에서 사람들은 도구가 되는 원예를 중심으로, 참여하고 있는 다른 사람들과 커뮤니케이션의 다섯 단계를 모두 경험해 볼 수 있는 것이다. 예를 들면, 원예치료에 참여하는 사람들은 1단계의 인사를 나누는 관계를 시작으로 상호작용의 깊이를 더해 가는 경험을 할 수 있다. 만약, 인사를 나누고 여러 번의 원예활동을 함께 한 사람들이 다음번에 진행 될 원예활동이 무엇인지에 대한 대화를 나눌 수 있는데, 이것이 2단계의 수준이 된다. 그 후, 원예활동 중 어떤 사람의 식물이 시들어 가는 모습을 보게 된다면, 참여하는 다른 사람들은 그것이 왜 그렇게 시들었는지에 대해 자신의 생각을 나누는 단계의 커뮤니케이션을 경험하게 된다. 그리고 꽃꽂이와 같은 자신의 창작물들을 보이면서, 그것에 대해 다른 사람들이 어떻게 느끼는지에 대한 토론이 이끌어진다면, 참여자들 모두는 4단계 수준의 상호작용을 하게 된다. 이런 과정의 커뮤니케이션을 통해 참여자들은 자기존중감, 자아충족감, 친밀감, 위축되지 않은 자아 확장감을 느끼게 된다. 더 나아가 전시회 준비, 식물 판매, 다른 지역사회의 방문을 위한 준비 등의 활동에서 다른 사람의 입장에 대한 고려를 통해 5단계의 의사소통 경험을 한다.

(2) 커뮤니케이션의 주제로서 식물

식물은 개인의 자아를 압도하지 않으며 차별하지도 않는다. 또한 보편적 화젯거리가 될 수 있으며 식물을 함께 가꾸는 작업은 개인이 대인관계에서 직면하게 되는 긴장 없이 비언어적인 방식으로 다른 사람과 관계를 부드럽게 맺도록 하기 때문에 편안한 관계를 수립하는데 이용될 수도 있다(Stamm & Barber, 1978). 원예는 공통적인 흥미와 공유된 경험을 제공함으로써 인간관계의 기회를 제공해 준다. 개인들 간의 잠재적인 상호작용도 그들이 자연스럽게 어떤 상황에서 잠재되고 각 개인들에게 새로운 관계를 탐색할 기회를 허락하기 때문에 제한적이지 않다. 이러한 새로운 관계에서 사람들은 그들 자신과 다른 사람에 대해 더 큰 존경심을 배우고 더욱더 없어서는 안될 사회의 구성원이 된다.

(3) 정서적 성장의 기회제공

다른 사람들과 함께 정원을 가꾸는 것은 많은 그룹 세팅에서 보여지듯이 정서적 성장을 위한 기회를 제공한다. 예를 들면 한 팀의 구성원으로 일할 수 있는 기회, 경쟁적인 감정을 경험하는 기회 등이다. 대립뿐만 아니라 그룹으로부터 지원을 받는 것을 경험하는 기회, 원예활동은 그룹으로 정원을 꾸미는 것과 같이 공동체를 함께 이끌어나가는 협동적인 과제를 통해서나, 아니면 다른 사람과의 경험 및 그 결과를 공유하는 기회를 통해서 사회적인 기술을 획득하는 데 필요한 이상적인 환경을 제공하여 줄 수 있다. 그리하여 사람은 정원을 양육함으로써 공동체도 양육할 수 있다.

또 다른 면은 정원에 의해서 제공된 안전한 환경에서 함께 있다는 것은 사람이 자기의 생명이나 또는 환경을 조절하는 데 어떤 도움도 받을 수 없다는 감정을 극복할 수 있게 도와준다는 점이다. 사람은 때로 규칙이나 규제 또는 돈이 없다는 것 때문에 자기 주변 환경을 더 좋게 만드는 행동을 취하는 것을 못할 수 있다. 그러나 정원 가꾸기 행위에서 그들은 자기들의 삶을 변화시키는 것을 배운다. 이 반응은 대도시 중심부의 저소득층 거주지역 정원 가꾸기 프로그램에서 긍정적으로 볼 수 있다. 여기서 자기들의 행위가 주변환경을 바꿀 수 있다는 것을 발견해서 이웃끼리 서로 청소하는 프로젝트로 발전되었다.

이상에서 살펴 본 것과 같이 원예의 역할은 우리의 신체, 사회, 정신생리, 심리적인 측면에 많은 영향을 미치고 있으며 아래의 표에서 그 관계를 종합적으로 볼 수 있다.

인간 존재와 삶의 질에 있어서 식물과 원예의 역할

	존재 신체(물리적 자아)	삶의 질 정신(정신적 자아와 타인)		
인간의 행위	획득 수확	관찰 경험	양육 재배	공유 토론
식물의 역할	생성물 산소, 탄수화물	존재(Being) 아름다움 형식 실존(Existence)	생명 성장 욕구	주제 보편적 비위협적

원예의 분야	과실재배학, 포도재배학, 채소원예학	조경 건축과 유지	아마추어 정원 가꾸기 학교 정원 가꾸기 원예치료	공동체 정원 가꾸기 농장 조직
인간의 반응	이용하기(이용) 신체로의 통합	느끼기(감각) 자기 안으로 "다른 것(other)"의 통합	돌보기(보살핌) 자기 밖의 생명에서 가치와 미래의 발견	커뮤니케이션 사회와 자기의 통합
인간의 이익	신체적 생명과 건강 신체의 생존	정신-생리학적 건강 스트레스의 감소	심리학적 건강 자아존중감	정신-사회적 건강 타인들로부터의 존경
인간에게 있어서의 결과	신체적 복지	정신-신체 복지	정서적 복지	사회적 복지

출처: Relf(1997).

정신적 건강과 복지

3. 원예활동의 특성과 기능

1) 원예활동의 특성

원예는 구조화된 훈련, 여가의 선용, 교정적인 처치와 더불어 치료에 이르는 부분에 대한 많은 이득을 제공한다. 이와 같은 이득들을 Joanna McDonald(1995)가 설명한 원예활동의 중요한 요인들을 살펴보면 다음과 같다.

① 친숙성

나무, 풀, 꽃, 과일 그리고 채소들은 척박한 환경에서도 친숙하고 쉽게 알아볼 수 있는 것들이다. 이러한 환경의 사람에게는 더욱더 위안을 주는 요소로서 식물들과 관계를 맺을 수 있다. 그들의 친숙성 개념은 생애 초기에서부터 정확하게 형성되어 인생의 후기에 지각이나 기억이 손상되었을 때에도 여전히 인지할 수 있다. 지각적인 장애를 지닌 채 태어난 사람들에게도 이러한 친숙성은 여전히 존재하며 결과적으로 더욱 쉽게 재인 할 수 있게 되는데 이는 이러한 식물들에 끊임없이 노출되는 것으로 순수하게 그 원인을 돌릴 수 있다. 그러나 만약 어떤 대상을 그것의 근원적이고 습득된 경험이 없다면 재인을 해내지 못할 수도 있다. 예를 들어, 저녁 식사 때 보는 감자는 흙에서 자라는 감자와는 같은 것이라고 여기지 않을 수도 있다. 재배하고 요리하고 먹는 과정을 따름으로써 이러한 지각적인 간격 사이에 다리가 놓일 수 있을 것이고 학습자들에 의해 좀 더 완벽한 표상이 형성될 수 있을 것이다.

② 관련성과 연령 적절성

원예는 사회 내에서 '정상적'이고 수용적인 활동이다. 이는 매우 중요한데 장애를 지닌 많은 사람들이 사회의 주변에 있는 자신들을 깨닫고 일상의 활동에 참가하는 것으로부터 고립되어 있기 때문이다. 원예의 타당성과 가용성은 참가자의 자존감과 동기를 높여주며 만족감을 가져다준다. 원예는 역시 어떠한 연령 집단에게도 타당한 활동이다. 이는 다시 가치 있는 속성이라 할 수 있는데 장애를 지닌 사람에게 주어지는 너무나 많은 과업이나 자원이 그들의 품격을 떨어뜨리고 그들의 나이에 적절하지 않기 때문이다. 예를 들어 최근 TV에서 많이 보여지는 치매 노인들이 참여하는 활동에서 그들이 이용하는 대부분의 과업이 어린이용 놀잇감과 같은 것을 이용한 것이다. 이는 그들의 능력에 적절할지는 몰라도 그들의 품격을 떨어뜨리는 도구로 볼 수 있다. 이에 반해 원예는 다양한 활동에 이용될 수 있으면서도 그것을 활용하는 대상자들의 품격을 떨어뜨리지 않는 좋은 활용 도구가 될 수 있는 것이다.

③ 사회적 상호작용

예를 들어 단순한 혼합토양을 화분에 채우는 것이라도 이를 통해 팀의 일원이 될 수 있고 일의 과정에 참여할 수 있다.

④ 시간의 자각

가장 흥미 있는 지각적 사건을 통해 계절이 부호화되며, 현대의 소비 사회에서 서서히 잠식되어 가는 자연의 자연적 주기를 인식하게 되어 변화, 움직임들의 의미를 자각하게 된다.

⑤ 신체적 활동

힘든 땅파기에서부터 일륜차 사용, 갈퀴질, 작은 손도구를 사용한 재배 또는 조경정원을 산책하는 등의 활동범위를 제공한다.

⑥ 성공에 대한 자신, 낙관

성장에 대한 기대, 생명의 창조자로서의 참여를 이끈다.

⑦ 다루기 쉬운 작업

기분 좋은 결과는 무 씨앗을 촉촉하게 젖은 티슈에 뿌리는 것과 같은 최소한의 투입으로도 얻을 수 있다.

⑧ 심적 자극

감각적인 풍경은 탐구심, 의사결정, 평가, 그리고 자연스러운 반응을 불러일으킨다.

⑨ 고통이나 강박적인 행동에서 오는 마음의 혼란

칸칸이 나누어진 트레이에 씨를 뿌리는 것과 같은 활동은 집중력을 요구하고 수용적이 될 수 있도록 할 수 있으며 무의식적으로 주의를 지속하도록 하고 평온을 얻을 수 있다(Kaplan, 1973).

⑩ 자기표현

Floral Design과 같은 활동에서 특히 두드러지게 나타나는 특성이다.

⑪ 기억자극

대부분의 정원 구성물들 중 특히 나무는 삶에서 항상성과 같은 유사성을 존속시키며 기억회상의 기준점이나 계기가 되어준다.

⑫ 유용성을 느끼게 하고 자존감을 증가

Lewis(1983)는 긍정적인 자기존중감이 정서적 안정의 열쇠라 제안했고 이것이 원예의 가장 중요한 이점 중 하나라고 설명한다.

⑬ 감각의 자극

실외의 풍경은 감각적 경험이 가능하도록 하는 것을 제공한다.

⑭ 의사결정

사물을 구별하고 깊이, 공간, 부피, 질서, 수량 등을 판단하도록 한다.

⑮ 주도성의 획득과 자발적인 활동

자연풍경이 충분히 매력적이고 감각적이고 자극적이면 사람에게 참여하려는 욕구를 고무시킬 수 있다. 학습장애를 지닌 많은 사람들은 자신을 위해 결정을 따르고 스스로를 위한 소망을 키우지 못한다. 그러나 원예는 학습자들에게 활기를 띠게 하는 자극과 본성, 자유, 신기함의 요인 때문에 주도성을 획득하고 자발적으로 활동을 할 수 있다.

⑯ 안정감

관목과 교목, 수목, 정자 등을 사용하여 만든 친밀한 공간에서 우리는 안정감을 느낄 수 있다. 또한 자유의 느낌은 열려진 풍경에서 느낄 수 있으며 이러한 풍경은 행동적인 장애 때문에 시야 밖으로 나설 수 없는 대상자들에게 매우 유용하다.

⑰ 구별되는 특징

비록 위에서 열거한 특징들을 하나의 치료적, 교육적 또는 활동적 수단 안에서 모두 찾아내는 것이 어렵다고 할지라도 그렇게 특별한 것은 아니다. 그러나 원예는 대부분의 다른 치료 수단과는 다르게 둘 수 있는 특질이 있는데 이는 바로 원예의 '살아 있다는 본성' 이다.

이는 전적으로 새로운 반응의 경향을 유발하는 차원을 포함시킨다. 창조적인 과정에 참여하는 것 자체가 인간의 존재에 있어 분명히 어떠한 효과를 가지고 있다는 것이 분명하다. 식물은 보살핌과 유기에 대해 직접적으로 반응한다. 이러한 피드백은 참여하는 동안 올바른 행동을 강화시키고 자기효용감을 증가시킨다. 어떤 식물은 다른 식물에 비해 더욱 탄력성이 있는 특징을 가지고 있다. 만약 참가자의 특징에 정확히 들어맞도록 식물을 선택한다면 성공은 더욱 보장된다. 예를 들어 식물이 존재하는 것을 좋아하지만 물을 주는 것을 잊는 사람이 있다면 다육 식물을 이용하거나 모세관 매트를 사용하는 것이 유용할 것이다. 마찬가지로 뭐든지 자기가 다루는 것을 팽개치는 경향이 있는 사람은 어린 당근묘보다 십자화과 식물이나 양파와 같이 험한 이식에도 덜 손상받는 식물을 사용하는 것이 좋다. 여기에서 식물의 탄력성에 대한 논점들은 한편으로는 부정적으로 작용할 수 있는 식물의 반응에 대해 지나치게 간략화시키거나, 축소시키는 경향이 보여지기도 하는데 '식물들은 보살핌과 이것의 부족에 대해 즉시 반응하며 우리에게 긍정적인 피드백으로서 새로운 잎과 꽃, 그리고 과실과 같은 것으로 보상을 해 준다. 이러한 성취감은 직접적으로 그 사람의 자존감의 향상에 강한 영향을 준다' (Rothert & Daubert, 1981)에서 볼 수 있다.

이것은 식물의 살아 있음의 본성 때문에 그러한 것이며 원예의 독특한 특징 때문에도 그러한 보살핌의 실수들은 되 돌이킬 수 없게 되어서 피드백이 부정적이 될 수 있다. 살아 있는 실체는 돌봄과 유기에 대해 엄밀하게 반응할 것이며 생산물은 돌보는 사람의 긍정적 또는 부정적 감정들과 연합되어 있을 것이다. 식물의 죽음과 관련된 부정적 감정들을 제거하는 것은 프로그램 계획자의 책임이다. 이는 올바른 원예학적 배경지식이 중요하게 되는 부분으로, 프로그램의 성공은 이러한 선택에 대해 무리가 없는 능력과 요구를 지닌 개개인에 맞추어 식물, 재배하는 사람, 기술, 그리고 장비가 조화되었을 때 확실해진다. 이러한 선택은 식물의 특성, 조작에 대한 식물의 반응 그리고 그들의 생존에 필요한 중요한 투입요소에 대한 자각에 의존한다.

생물의 반응은 그들의 환각이나 환상으로부터 온 행동의 실제적인 결과를 정리해 내는 것에 대한 마음의 병을 지닌 사람을 돕는다. 무성한 식물은 자신을 돌보는 사람에게 인상적이며 관계에 있어서 감정적인 책임 없이 위협적이지 않고 차별하지 않는 자애로운 보상을 제공한다(Zandstra et al., 1982; Relf, 1981). 이는 과거보다 미래에 대해 사람들이 더욱 큰 관심을 가지도록 하기도 하는데, 그의 삶 모두에 있어 의존적인 사람들에게 식물은 적어도 환경의 아주 작은 부분에 걸친 예측과 통제와 같은 약간의 조정을 가능하게 한다. 이미 조정자들에 대해 식물은 그들이 자기 나름의 자연 법칙을 따르고 있으며 사람들은 기상조건과 해충 또는 질병의 발생과 같은 피할 수 없는 것에 대처하는 것을 배워야 한다는 것을 증명하고 있다. 이러한 융통적인 식물 활동의 본성은 실행자가 모든 종류의 요구를 가까이서 마주하도록 하기 위해 과제를 조정하도록 이끈다.

사람들에게 치유, 치료 또는 교육적 수단으로서 원예활동의 성공 핵심은 생명의 신비이다. 만약 우리가 이러한 삶을 존중하고 이들의 잠재력을 최대화하고 이들을 바르게 다루는 법을 배운다면 이는 우리에게 많은 것을 돌려줄 것이다.

2) 원예활동의 기능과 의미

山根 寬(1995)이 주장하는 원예활동의 기능과 의미는 원예라고 하는 활동이 자연을 상대로 인간이 물질을 만들어 내는 본성적인 조건, 즉 협동, 교제의 활동조건이 충족되었을 때 일어나는 것으로 정의하면서 내용을 다음과 같이 정리하였다.

원예 활동의 기능과 의미

특성	요소	운동의 특성	의미 · 기능
행위 · 동작	• 흙을 파고 잘게 부순다	→ 괭이 등 도구를 사용한 저항이 큰 거친 동작	• 운동에 수반한 신진대사 증진 · 심신에 활력을 주는 부수는 작업(충동 적응적 발산), 신체자아 감각회복
	• 땅을 고르고 이랑을 만든다	→ 괭이, 갈퀴 등 도구를 사용하는 다소 저항이 있는 거친 동작	• 운동에 수반한 신진대사 증진 · 심신에 활력을 주는 작업(자아의 보전 · 확대)
	• 씨를 뿌리고 묘를 심는다	→ 약간 주의집중을 필요로 하는 다소 정교한 동작	• 역할활동(유용체험), 자기존중, 자기평가

행위·동작	• 물 뿌리고 풀 뽑으며 키운다	→ 저항이 적은 비교적 거친 동작	• 기분적 작업욕구 충족, 유용체험 승화된 구애기·항문기적 욕구 충족, 키우는 기쁨(자아보전·확대)
	• 재배한 것을 수확한다	→ 저항이 적은 거친 동작에서부터 다소 정교한 동작	• 달성감, 충족감, 유용체험, 생산하는 기쁨(자아보전·확대)
	• 키운 초목으로 작품을 만든다	→ 저항이 적은 약간 정교한 동작	• 새로운 것을 만들어 내는 작업(자아보전·확대)
	• 재배한 것을 조리하여 먹는다	→ 대부분의 조리는 정교한 동작	• 소비하는 즐거움(자아개방), 욕구충족
환경·대상	• 사계의 변화와 날씨, 채소의 생육 등 자연의 변화에 맞춘다	→	• 계절과 시간 감각의 회복, 상황에 맞춘다(실존적 수용), 생활의 자연적인 리듬회복
	• 작물이 자란다	→	• 계절과 시간 감각, 실존적 수용, 자기존중, 자아육성, 유용체험
	• 자연환경(흙·물·공기·식물)에 신체감각을 통해 접촉한다	→	• 신진대사 증진, 자연적인 기분전환, 접촉하는 안심감(적응적인 퇴행), 신체성의 회복
장(場)·사람	• 참가한다	→	• 생활리듬, 수용되는 체험, 공통체험, 공유감각, 애타적 체험
	• 만든 것, 재배한 것을 판다	→	• 사회·현실생활과의 관계, 구체적 사회적응기술의 습득
	• 함께 먹는다		• 소비하는 즐거움(자아개방), 공식(共食, 사람과의 교류)

출처: 山根 寬(1995).

제3장

원예치료의 메커니즘

원예는 가장 오래된 치료수단의 하나이지만 아직 전문적인 치료분야에서는 매우 새로운 방법이라고 할 수 있다. 지금까지, 고통받고 있는 사람을 돕기 위해 식물을 전문적으로 이용한 연구결과가 매우 부족한 실정이나, 전문 종사자들의 반복적인 노력으로 인해 효과적인 치료적 도구로서 원예를 광범위하게 받아들이고 있다. 다양한 치료시설에서 원예의 이용이 증가함에 따라, 원예의 가치와 치료의 작용 메커니즘에 대한 이해가 증가하고 있으며, 이론이 발전하고, 관찰 결과에 대한 해석이 이루어짐에 따라, 과학적인 연구는 원예치료 프로그램 구성에 없어서는 안 될 부분이 될 것이다. 전문가들의 관찰결과를 통해 원예활동이 주는 긍정적인 변화의 메커니즘에 대해서 효과적으로 이해할 수 있다. 이러한 변화의 메커니즘을 Relf(1992)는 다음과 같이 세 가지 범주로 나누고 각각에 대해 설명하고 있다.

첫째는 상호작용(Interaction)으로, 사람이 원예환경 내에서 어떻게 상호작용을 하는가와 관련된다.

두 번째 범주는 작업(Action)으로 사람들이 식물을 다루는 활발한 작업과 관련된다.

세 번째 범주는 반응(Reaction)이며, 사람들이 식물과 수동적으로 맺는 관계 속에서의 반응과 관련된다.

1. 상호작용

상호작용의 범주에서 가장 중요한 개념은 인간의 죽음과 성(번식)에 대한 의사소통능력과 통찰력[11]을 발전시킬 수 있는 토론의 기회제공이다. 즉, 인생의 시작과 끝에 해당하는 화젯거리를 가지고 대화할 수 있는 기회를 갖는다는 것은 어떻게 살아갈 것인가에 대한 해답을 얻을 수 있기에 매우 중요한 기회가 된다. 또한 연속체의 개념으로 이해하면 시작에서부터 끝까지 포함되어 있는 화젯거리 모두를 포함하고 있게 됨으로써 문제해결의 한계 상황이 없음을 의미한다.

이와 더불어 원예치료에서 작용되는 상호작용의 메커니즘을 이끄는 또 다른 특성들은 다음과 같다.

매닝거 병원의 Stamm과 Barber(1978)는 '타인의 접근에 대한 환자의 수용력 증진'을 위한 원예프로그램에서 환자들의 긴장과 불안이 감소되었음을 보고하였다. 이로써 원예활동이 타인과 친밀해지기 쉬운 환경이 된다는 것을 알 수 있다.

많은 상황 속에서 위협으로 인식되는 두 가지 주제는 죽음과 성(번식)이다. 어린 식물을 잘록병[12]으로 잃거나 또는 꽃이 가장 아름다울 때 시들기 시작한다든지 하는 죽음은 원예에서는 없어서는 안 될 부

11) 통찰력(insight): understanding, power of seeing into with the mind.

12) 잘록병(damping-off): 어린 식물이 과도한 습기로 썩는 병.

분으로, 지속적으로 다루어져야 한다. 이와 마찬가지로 식물의 유성 번식과 무성 번식 둘 다 원예활동의 중요한 부분으로, 원예치료에서 이러한 주제와의 만남은 궁극적으로 인간의 죽음과 성에 대한 의사소통능력과 통찰력을 발전시킬 수 있는 토론 기회를 제공한다.

치료 프로그램에서 성공적인 결과를 얻기 위하여 치료사와 내담자, 내담자와 내담자, 그리고 내담자와 비내담자 간의 상호작용이 중요하다. 치료사와 내담자의 관계에서, 치료사는 환자가 극도의 위협을 느끼는 문제에 대해 식물의 세계를 통해 의사를 전달하거나, 환자가 문제를 직면하고 처리할 수 있도록 비언어적인 관계를 수립할 수 있다.

이러한 상호작용의 메커니즘을 살펴볼 수 있는 예들은 다음과 같다.

Stamm과 Barber(1978)에 의하면, 정신분열증과 같은 심각한 정서장애를 보이는 환자들은 타인에 대한 두려움이 오랫동안 지속되는 것을 자주 볼 수 있다고 한다. 그들은 "원예치료가 지향하는 과제(task orientation)는 이런 환자들이 타인과 비언어적 방법을 통해 서서히 관계를 맺도록 도와주므로 이상적이다. 이러한 비언어적 방법은 일대일의 언어 심리치료에서 가끔 발생하는 것처럼 대인관계가 너무 빠르게 진행되는 것에 따른 위험이 없다."라고 보고하고 있다. 이것은 발달 면에서 좀 더 성숙한 정신치료시설의 환자들은 원예치료의 그룹작업에서 효과를 얻을 것이라는 설명이다. 원예치료그룹작업은 팀의 일원으로서 일하는 기회, 경쟁적 감정들의 경험, 대립은 물론 그룹 지원의 경험과 같은 대부분의 집단 환경에서 볼 수 있는 정서적 성장 기회를 제공한다.

원예훈련센터(Melwood)에 있는 정신지체 성인을 위한 직업 센터에서 내담자들은 직장에서의 작업과 사교 혹은 휴식 시간에 필요한 상호작용을 배운다. 다른 고용자와의 부적절한 행동은 종종 직업을 잃게 되는 원인이 되는데, 내담자들은 그들 동료와의 상호작용을 배움으로써 좀 더 책임 있는 지도자 역할을 맡게 된다.

원예훈련센터에서 정신지체 성인들은 온실에서 관엽식물을 키우고, 이 식물을 워싱턴에 있는 여러 곳의 연방 건물 로비에서 판매했다. 사람들이 물건을 사는 동안 그들은 식물에 대해 조언을 하게 되며, 이러한 조언이 지체를 겪는 사람의 자부심과 자존감을 증진시킬 뿐만 아니라, 장애를 가진 사람들의 능력에 대한 일반인들의 이미지를 긍정적으로 바꾸게 된다.

이와 더불어 원예치료에서 활용되는 활동들 중 실내 식물을 화분에 심는 것은 개인적이거나 고립된 활동이 될 수 있으며, 두 사람이 서로 옆에서 작업을 하는 경우에도 책임감의 면에서 각각 독립적이고 평행적인 활동이 될 수 있다. 한편 이것은 세 명 또는 그 이상의 사람들이 서로에게 의존적인 형태로 각자의 역할을 하는 협동적인 활동이 될 수도 있다. 한 사람은 화분에 흙을 채우고, 한 사람은 식물을 넣고, 또 다른 사람은 화분에 물을 주는 것이다. 각자는 다른 사람이 작업을 계속하도록 하기 위해 자신의 작업을 완수해야만 하는데, 이것을 통해 더 효과적인 상호작용이 일어날 수 있다.

2. 작 업

활동 범주의 핵심 개념은 라이프 사이클의 추론이다. 이는 자기 자신의 인생전반에 걸쳐, 매일의 일상사에 리듬을 느끼고 간직함을 말한다. 식물과 일을 하는 사람이 얻는 긍정적인 반응에 대한 한 가지 설명은 원예활동이 생명주기를 다루고 있으며, 대부분의 사람들이 식물의 생명주기와 인간 자신의 생명주기를 쉽게 바꾸어 생각하도록 만들기 때문이라는 것이다. 그렇게 될 때 우리는 삶의 원칙을 갖고 끝을 향해 장기, 단기 목표를 세우고 달성하면서 살아가게 된다. 끝에 다다랐을 때 그 리듬은 자연스러운 리듬이기에 아름다웠다 라고 표현할 수 있게 된다.

원예의 핵심은 활동이며, 정원을 가꾸는 인간은 활동적이다. 사람들은 식물을 이용하여 여러 가지 일을 하며, 식물의 성장을 위해 다양한 작업을 하게 된다. 원예 프로그램은 식물을 이용한 인간의 활동을 통해 많은 치료적 효과를 얻게 된다.

원예치료의 원동력이 무엇인가에 대한 조사에서 식물과의 직접적인 관계(작업)를 통해 활성화되고 회복될 수 있는 경험과 기능들이 확인되었는데 일곱 가지로 나누어 정리할 수 있다.

(1) 생물학적 요인과 심리학적 요인들의 통합

뉴욕 대학의 재활의학 연구소 Bardach(1975)에 따르면, 후천적으로 장애를 가지게 된 사람들은 주로 인성과 신체적 장애의 관계에서 통합이라는 면의 문제를 갖고 있다. Bardach는 신체적 결함 자체를 다루는 신체적 활동, 장애에 대한 정서적 의미, 그리고 장애로 인해 절망하지 않는다는 가능성 등의 마음과 신체의 통합을 도울 수 있다. 예를 들어, 자동차 사고로 하반신이 마비된 여자는 자신을 "일어날 수조차 없는" 무력한 장애자로 생각하였으나 원예치료를 통해 식물에 지주를 세우는 것을 배우고 현실적으로 유용한 일을 할 수 있다는 것을 발견하게 된다. 이에 덧붙여, 이 사람은 상징적인 세 가지를 경험하게 된다. 그것은, 도움이 필요하다는 것을 배우는 것, 식물을 돌보는 데 흥미를 갖게 되어 자신이 다른 생명체에게 유용하며, 혼자 설 수 없는 다른 사람의 의지가 되는 것이 진심으로 보람 있는 것이라고 느끼게 되는 것이다.

(2) 환경의 변화

요양원이나 병원에 있는 사람들 또는 집을 나서기 어려운 사람들은 자신들의 삶과 환경을 변화시키는 데에 무력감을 느낀다. 규정과 규제 또는 단순히 금전적인 부족으로 주변환경을 다시 꾸미기 어렵다. 그러나 햇빛이 잘 드는 창가에 있는 제라늄은 방안을 환하게 할 뿐만 아니라 개성의 표현으로서도 작용할 것이다. 또한 도시 내 정원 프로그램을 통해 자신들의 작은 활동으로 주변 환경을 바꿀 수 있음을 발견하였다.

(3) 작업대용

Levinson(1964)에 따르면, 사람이 일을 한다는 것은 그 사람이 사회에 기여하는 자리를 갖는 것이며 그 일은 한 사람의 성인으로 규정될 수 있는 주요한 사회적 척도가 된다. 불행하게도, 많은 사람들이 장애나 나이 또는 다른 제한 조건들로 인해 직업세계에 참여할 수 있는 기회를 얻지 못한다. 그러나 원예활동은 이들 작업이 요구하는 몇 가지 대응물을 제공한다. 채소정원을 가꿈으로써 장애를 가진 사람이 그들과 다른 사람의 물질적 요구의 일부를 제공할 수 있으며 꽃을 기르면 다른 사람에게 아름다움을 선물할 수 있게 된다. 양육한 식물의 생산물은 돈과 같이 인정되는 가치를 갖게 되며 실제로 판매가 되기도 한다. 원예활동은 자영업의 형태가 될 수도 있고 장애인과 노인이 사회에 복귀할 수 있는 직업이 되기도 한다.

(4) 책임감(의무)

식물을 돌보는 데 있어 책임감과 식물의 의존성은 중요한 치료적 요소가 된다. Langer와 Rodin(1976)의 연구에서 한 그룹은 요양원에 거주하는 노인들로 그들에게는 선택의 자유와 식물을 돌보는 것에 대한 개인적인 책임감이 주어졌다. 다른 그룹은 그들 대신 결정을 내려 주고 식물은 직원들이 돌보았다. 이 중, 첫 번째 그룹에서 주의력과 활동적인 참여 그리고 행복에 대한 느낌이 눈에 띄게 증가하였다.

(5) 창조성

창조성은 장애를 가진 사람들이 표출하기 힘들어하는 자기 표현의 방법이다. 원예는 꽃꽂이, 분재, 조경과 같은 많은 창조적 경험의 기회를 제공한다. 또한 다른 면에서 식물은 삶과 성장에서 창조적인 경험을 제공한다. 즉, 단순한 삽목이나 씨 뿌리기를 통해 완전히 새로운 식물을 창조한다. 한 어린 헤로인 중독자는 약물재활 프로그램의 일부로서 자신의 정원에 대해 쓰면서 이 개념을 표현하였다. "특히 우리가 따뜻한 저녁식탁에 앉아서 식물이 자라나는 것을 보기만 해도 뭔가 완성된 좋은 것을 갖고 있다는 느낌을 받는다."

(6) 좌절에 대한 인내

식물을 키울 때에 철저하게 계획함에도 불구하고 식물이 잘못 되기도 한다. 병, 해충, 그리고 잡초로 인해 손상을 받을 것이며 변덕스러운 날씨는 식물의 피해를 악화시킬 것이다. 정원을 가꾸면서 겪게 되는 여러 가지 곤경에 대처하는 것을 배우는 것은 환자가 매일의 삶에서 겪게 될 여러 가지 좌절을 극복하는 데 도움이 될 것이다.

(7) 집중력 강화

미시건 대학의 심리학자인 Kaplan(1973)은 원예의 이점 중 하나는 무의식적으로 주의 집중을 지속시키는 매력에 있다고 하였다. 즉 원예를 하는 사람은 그들의 일에 완전히 열중하게 되며 의식적으로 주의 집중하기 위해 노력을 기울일 필요가 없어진다. 그럼으로 그들은 일상적인 노력으로부터 편안해진다. 주의집중이란 다른 생각들을 배제하는 것으로 원예를 하는 사람들은 일상적인 걱정과 신경 써야 할 하루 일과로부터 휴식을 갖게 된다.

완벽하진 않지만 이 내용은 식물을 이용한 다양한 작업에서 얻어지는 여러 가지 이로운 효과를 보여준다. 이와 더불어 식물을 이용한 작업은 신체적 관점에서도 긍정적인 영향을 보인다. 이것은 근육을 강화시키는 데에 중요한 운동을 제공할 수 있다. 뉴욕대학의 재활의학 연구소에서는 전신마비인 사람이 도구를 이용하여 화분에 식물을 심는 방법을 배워 후에 스스로 부양할 수 있게 되었다고 보고하였다.

3. 반응: 식물에 의한 수동적인 경험

반응 영역의 중요한 개념은 관찰을 통해서 삶에 대해 배우고 다양한 다른 모습의 삶을 이해하는 것이며, 식물의 다양한 종류가 있고 그것들이 어우러져 자연스럽고 아름다움을 보여주고 있듯이 인간 모두가 독특하고 존귀한 존재임을 알아 가는 과정이다.

인간은 식물에 대한 기본적인 심리학적 요구를 가지고 있다는 가설이 있다. 이 가설을 지지해 주는 경험적 자료의 축적은 거의 없으나, 이 가설에 대해 고려해 보아야 할 이유는 충분하다. 인간은 음식, 안식처, 의복, 에너지 등 물질적으로 식물에게 의존하고 있다. 인간은 환경 속에서 식물과 함께 진화하였으나, 최근에 들어서 사람들은 식물이 없는 빌딩에서 하루 중 많은 시간을 보내고 있다. 인간이 하나의 종으로서 신체적, 사회적, 정서적, 지적 발달에 강한 영향을 주었던 환경에 계속해서 반응하게 된다는 점을 기억할 필요가 있다.

정신병이 오래 지속된 환자들의 사회적 행동에 있어서 외부 자극의 영향을 조사하도록 설계된 광범위한 연구의 보고서에서, Talbot는 식당에 꽃피는 식물들을 두면 환자들의 대화와 식당에서 보내는 시간, 음식 소비량 등이 현저하게 증가했다고 보고하였다. 심각하게 위축현상(withdrawn)을 보인 환자에게서조차도 통계적으로 증가된 효과를 나타내었다. 이러한 반응에 대한 설명은 아직 명확하지 않다.

그러나 문헌상에서 환경내의 식물에 대한 인간의 반응에 대한 설명을 다음과 같이 찾아볼 수 있다.

첫째. 식물은 인간의 지각 구조가 명확하게 발전되도록 하는 직접적이고 명확하면서 긍정적인 반응을 자극한다.

둘째, 식물은 인간이 반응하는 환경에 있어서 지각적으로 자극하고 심미적인 기쁨을 주는 부분이다.

셋째, 식물의 성장과 변화를 관찰하면서, 사람은 삶에 대해 배우며, 삶에 대한 다른 모습을 이해하게 된다.

위와 같은 설명은 자연과학자와 사회과학자 등의 관찰에 의해 도출되었다.

Iltis(1974)는 인간의 지각 시스템의 진화론적인 발달 때문에 식물에 대한 명확한 반응을 하게 된다고 제시하였다. 과일의 색과 색채 시각의 동시 진화에 대한 토론에서, 그는 다양한 색의 과일이 증가하고 색채가 풍부한 과일을 식량으로 이용함에 따라 색채 시각이 발전하게 되었다고 이론을 내세웠다. 그는 색채 시각의 발전과 과일의 진화로 포유류의 뇌에서 화려한 색채의 지각에 대한 기쁨의 감정이 발전하게 되었다는 이론도 주장하였다. 이것은 음식을 찾기 위한 동기가 되었으며, 점차로 미적 감정의 진화로 발전되었다.

Stephen Kaplan(1992)은 원시인들은 살아남기 위해 상황을 빨리 지각하고 최상의 행동을 결정하고, 그리고 그것을 실행하는 것을 배워야만 했다고 주장하였다. 중요한 정보를 쉽게 읽을 수 있는 조경은 뚜렷한 이점을 지니고 있다. Rachel Kaplan(1973)은 예상한 대로 명료한 조경의 유형을 다양한 계층의 개개인이 선호했음을 보고하였다. 이러한 조경은 정보를 제공하기 위한 명확한 가능성을 지닌다고 설명할 수 있다. 그러므로 이것은 식물에 대한 분명한 반응과 환경에 대한 심미적인 반응은 인간의 진화와 비슷한 기원을 가졌을 것이라는 점에서 나타날 수 있다.

C. F. Menninger(1942)는 그의 저서에서 자연 환경에 살고 있는 것으로부터 개인적으로 얻은 많은 것들을 표현하고 있다. '나는 색채와 색채의 배합을 보는 감각, 향기를 맡는 감각, 아름다움을 느끼는 심미안적 감각에 대한 만족감이 나를 더 나은 치료사로 만들었다고 믿는다. 나의 직업과 나를 도와준 방법에서 모든 본성은 발전되었고, 시야는 넓어졌으며, 이해는 증가하였다.'

결론적으로 식물이 있는 환경에서 생활한다는 것은 우리들에게 삶에 대한 전체적인 이미지를 간직하게 도와주고 다양한 삶의 모습에 대한 이해를 돕는다. 즉 식물의 성장과 변화를 관찰하면서 생명체의 본질은 성장에 있음을 이해하게 되고 성장은 변화를 내포하고 있음을 알게 함으로 사람의 내면적 성장의 의미를 연관시킬 수 있게 된다. 또한 자연은 모든 생명체의 존재가 독특한 것으로 인정될 때 조화를 이뤄 아름답게 보이게 된다는 것을 알게 하므로 다양한 형태의 삶에 대해 인정하고 조화를 이루는 삶에 대한 성찰을 돕는다. 이렇게 됨으로써 건강한 인격체로의 삶을 살 수 있게 된다.

제4장

원예치료의 네 가지 핵심 요소에 대한 이해

Relf(1998)는 원예치료(Horticultural Therapy)에서 다음의 네 가지 핵심적인 요소들을 갖추어야 한다고 주장하였다.

1. 원예 또는 정원활동에 초점을 맞춰서 정의된 치료 진행(treatment procedure)
2. 문제가 있어 치료(treatment)가 필요한 의뢰인
3. 측정 및 평가가 가능한 치료(treatment) 목적
4. 치료(treatment)수행능력이 있는 전문적인 치료사

이와 같은 요소들을 예방, 치료, 재활의 공간을 모두 포함시켜서 구체적으로 살펴보면 다음과 같다.

1. 대상자

대상자의 범위는 원예치료 특성상 모든 사람이 해당될 수 있다. 이

공간과 연령 범위에 의한 원예치료의 대상자 분류

공간 \ 연령		0~12세 아동기	13~20세 청소년기	20~60세 성인기	60~ 노년기
예방	가 정	가정원예			
	학 교	유치원, 초등학교의 학교 정원	중 · 고등학교의 학교정원	대학교 및 사회교육에서 원예와 관련된 강좌	사회교육 프로그램에서의 원예강좌
	자치단체 규모의 시설		공동체 정원	도시공원, 삼림욕장, 주말농장, 여가시설	노인센터
	국가 규모의 시설			관광농원, 식물원, 수목원	
치료	병 원〈body〉 (소화기계, 호흡기계, 순환계, 신경계, 내분비계)			식물과 원예활동을 이용해 회복을 돕는 교양강좌	고령화로 인한 육체적 질병들 (요양원)
	병 원 〈mind〉 (정신계)	과잉행동장애, 불안장애, 우울증, 발달장애, 틱장애 등	파괴적 행동장애, 물질관련장애(본드 등)	물질관련장애(알코올, 카페인, 대마초 등), 정신분열증, 기분장애(우울증, 양극성 장애), 불안장애(공황장애, 성격장애) 등	치매(사회복지시설)
	교도소		반사회적 행동장애	물질관련 장애, 성격장애	
재활	교도소		적극적인 원예치료	적극적인 원예치료	
	재활원	• 정상인에 비해 사고 및 유전적 특성들에 의해 육체적 기능 및 지적 발달이 불완전하거나 지체되어 능동적, 수동적 활동에 제약을 받는 사람(시각, 청각장애, 정신지체, 지체부자유 등) - 직업훈련기관, 재활원 • 재활(정형외과적 처치가 필요한 사람들)			

러한 대상자의 분류 기준은 세계를 구성하는 두 개의 기본축인 시간, 공간축으로 분류를 했으며 공간축의 분류는 원예치료의 예방, 치료, 재활이라는 개념에 따라 나누었다. 시간축은 대개 발달심리학자의 분류(송명자, 2002)로는 출생이전의 태아기, 출생 후부터 2세경까지 영아기, 2~6세 유아기, 6~12세 아동기, 12~22세 청년기, 22~40세 성인 전기, 40~60세 성인 중기, 중년기, 60세 이후를 노년기로 설정하고 있으나 여기서는 크게 네 단계로 분류를 했으며 앞의 표로 정리할 수 있다. 각 칸에 있는 내용은 장소, 교육내용, 증상 등을 시간과 공간 축에 맞게 설명하고 있다.

2. 치료사

1) 치료사 역할의 범위

Mattson(2002)은 원예치료사가 지녀야할 핵심적이고, 전문적인 특질은 열정, 인내, 원예에 대한 지식, 융통성 있고 혁신적인, 확신 있는, 다른 분야의 전문가와 함께 일할 수 있는 능력이 필요하다고 주장하고 있으며 Mattson(1998)과 Relf(2000)는 원예치료사의 역할 범위를 크게 네 가지 영역으로 분류한다.

① 대상자에 대한 서비스
② 일반적인 원예프로그램 운영
③ 특별한 프로그램 - 원예치료에서의 활동, 원예교육 서비스, 원예재활 서비스
④ 기록과 평가

미국 원예치료 협회의 원예치료 교육 과정의 예

원예치료 특별코스	원예과학과 관련코스	테라피/인문과학코스	경영코스
8학점+인턴과정	40학점	24학점	6학점
원예치료입문	원예학입문	심리학입문	커뮤니케이션/화술
원예치료기술 (정원에 적응하는 것을 포함/도구 등)	식물번식	이상심리학	연구방법론/통계학
원예치료프로그램 짜기(사정, 목적계획, 과제분석, 원예활동계획, 기록 등)	식물재료학	사회학입문	컴퓨터
원예치료에 특별한 주제(자금, 자원봉사자와 일하기, 리서치, 기록하기 등)	온실 또는 종묘생산/관리	이들 분야에서 전문화된 코스들 신체적 장애, 발달장애, 정서장애, 노인병학, 교정학, 정신병학, 지역사회 기본 프로그램 등	사업 경영/경제학
인턴과정 -1,000시간(6개월)	조경 디자인/건축	다음 과목의 코스들 복합장애, 그룹역학/과정, 카운슬링, 직업교육, 재활, 특수교육, 레크리에이션/치료기술과 서비스, 교육심리학, 해부학/생리학, 수화, 응급처치/CPR, 위기중재	
	식물학소개		
	기초토양학		
	곤충학		
	식물병리학		
	식물생리학		
	과수와 채소 수확물/원예		
	기초 플라워 디자인		
	/원예 크래프트		
	특수한 식물들		
	(허브, 잔디, 인테리어,		
	돌정원, 양치류 등)		

출처: American Horticulture Therapy Association의 웹사이트에서 발췌

2) 치료사의 교육적 배경

미국 원예치료협회에서 진행되는 원예치료 교육과정을 살펴보면 앞의 표와 같다.

원예치료사의 교육적 프로그램은 모든 대안치료의 치료사 양성과정과 마찬가지로 대학원 과정에서 이뤄져야 한다. 왜냐하면 인간에 대한 존중심과 문제해결의 전문성을 갖춘 치료사라는 역할에 대한 중요성이 요구되기 때문이다. 따라서 원예치료사의 양성 프로그램도 대학원 과정에서 이뤄지는 것이 바람직하다고 볼 수 있으며 원예치료의 네 가지 핵심요소와 연관짓는다면 그 교육과정은 다음의 네 가지 영역을 중심으로 구성될 수 있다.

① 치료사(개인) - 개인의 원예활동과 생명의 그물에 대한 연관성, 창조성과 치료사 자신의 심리적 자각 발달을 중심으로
② 대상자 - 다양한 장애인과 특수대상에 대한 이해를 중심으로
③ 원예활동과 심리치료의 기법 - 원예활동의 기법과 심리치료에 대한 경험을 중심으로
④ 이론 - 관련학문의 공통 개념과 철학적 배경을 중심으로

위의 분류를 자세히 살펴보면 다음과 같다.

(1) 개인으로서 치료사

모든 문제해결의 첫 순서는 자기 자신의 성찰이다. Piaget가 설명한 '자아인식'이 곧 '타인의 인식'으로 전환됨을 말하고 있듯이 치료사로서의 자기성찰은 대상자에 대한 이해와 연결되는 것이다. 만일 그 과정이 없다면 결국 원예치료는 일방적인 방향의 활동이 되기 때문이다. 따라서 치료사와 만나는 대상자가 보이는 것이 아니고 활동

그 자체에 초점이 맞춰지게 되는 테크닉 위주의 방법론이 될 수밖에 없게 되어 전문영역으로의 자리 매김이 어려워지게 되는 결과를 가져온다. 따라서 치료사는 인간 존재의 문제에 대해 끊임없이 생각을 해야 하는 적극적인 자기 탐구과정의 훈련이 먼저 선행되어야 하며, 원예활동을 자유롭게 활용할 수 있어야 한다. 그렇게 하기 위해서는 전체적인 생명의 유기적 연결에 대한 폭넓은 이해와 인간이 갖고 있는 문제와 식물이 갖고 있는 치료적 의미를 연관짓는 시각이 있어야한다. 또한 심리체험을 연습해 심리학적 인식의 발달에 관심을 가져야 하며 다양한 대상자의 입장에 서서 각 치료 접근 방법이 어떻게 영향을 미치는 가에 대한 경험이 있어야 한다. 그렇게 되었을 때 대상자에게 다양한 치료의 형식을 취할 수 있기 때문이다.

마지막으로는 자신의 지식의 구조 속에서 자신만이 가질 수 있는 창조적인 힘을 발휘하는 것에 대한 연습이 있어야하며, 이 모든 과정 속에서 Jung(1988)이 말하는 성숙한 인격체 -정서, 사고, 직관, 감각이 서로 작용을 주고받으면서 이성적으로 조직된 상태 -를 가질 수 있게 됨으로써 치료의 중요한 요인으로 역할을 담당할 수 있다. 결국 치료의 힘은 치료사가 머무는 장소의 분위기[13]에 영향을 받기 때문이다(DeVries, 1987).

(2) 대상자

대상자에 대한 이해란 그가 처한 환경의 범위 속에서 이해하는 것이다. 인간이 살아가는 환경이라는 전체적인 테두리 안에서 어떻게 발달하게 되며 이상행동과 그 원인들에 대한 고찰, 그리고 생태학적인 관점으로서 본 예방 공간에서의 대상자, 치료 및 재활공간에서의

---

13) 어떤 공간 안에서 얽히고설켜 있는 전체적인 대인관계의 망을 의미한다. 대인관계는 치료공간에 있는 사람에게 모든 면의 경험에 침투해 있다.

대상자들에 대한 이해가 충분하게 이뤄져야 한다.

(3) 원예활동과 심리치료의 기법

원예치료에 핵심인 식물과 원예활동에 여러 가지의 기법을 익히는 것과 심리치료의 기법을 이해하는 것은 같이 이뤄져야 한다. 구체적인 실습의 과정을 이용해 원예활동에 필요한 여러 가지 기법, 즉 정원에 적응하는 것부터 도구사용과 프로그래밍, 경영과 관리, 다양한 식물들과의 경험, 그리고 다양한 형태의 원예활동에 대한 경험을 포함한다. 이와 함께 다양한 기법의 심리치료 접근법을 경험하여 효과적인 결과를 얻을 수 있어야 한다.

(4) 이 론

연관 학문에 대한 이론과 공통개념, 철학적인 배경에 대한 영역이 마련되어야 한다. 여기에서 연관 학문의 범주는 Mattson(2002)이 주장한대로 원예학 영역과 심리학, 사회학, 교육학, 가족관계학 영역, 그리고 경영과 아트('미술'과 '크래프트'를 다 포함하는)와 언어영역으로 크게 세 영역으로 나눌 수 있으며 미국 원예치료협회 교육과정을 참고할 수 있다. 이론에 대한 탐구는 결국 '원예가 어떻게 치료적인가'를 설명할 수 있어야 한다.

3) 치료사가 일할 수 있는 곳

원예치료를 실용학문으로 정착시킨 미국의 예를 살펴보면, 미국 원예치료협회에서는 치료사가 일할 수 있는 곳으로 크게 일반인을 위한 곳과 치료가 필요한 곳으로 나누고 있는데 이를 예방과 치료 및 재활공간으로 분류하면 다음과 같다.

(1) 예방공간

- 학교
- 수목원과 식물원
- 공원과 여가시설
- 농장과 원예기업
- 공동체 정원

미국 일리노이 주에 있는 몰톤(Morton) 수목원으로 '아동들을 위한 활동' 을 간이천막에 세팅해 놓고 있다.

'아동을 위한 활동' 의 내용은 다양한 종류의 나무토막을 크레파스로 베끼는 활동으로 나무의 이름을 알고 손과 미술활동을 이용해 느껴 보도록 배려한 활동이다.

'아동을 위한 활동'의 또 다른 내용은 세 종류의 각기 다른 빙고 게임이었는데 각종 나무의 잎사귀와 연결지어서 맞추는 게임이었다.

미국 시카고에 위치한 시카고 보태니컬 가든 온실 안에 세팅된 "만져보는 식물"이다. 내용은 촉감으로 변별할 수 있는 다양한 패턴의 잎을 가진 식물을 모아놓고 관람객들이 자유롭게 만져보고 느낄 수 있도록 배려하고 있다.

공동체 정원의 예로서 일본 동경 근교 마을로 주택가에 둘러싸인 중심부에 위치하고 잘 나누어져 주로 허브를 식재하고 있다.

(2) 치료 및 재활공간

- 병원과 협회
- 직업훈련기관
- 요양원과 사회복지시설
- 재활원
- 노인센터
- 교도소

미국 시카고에 위치한 시카고 보태니컬 가든 내에 있는 원예치료 정원이며 도르래가 설치된 베고니아 행잉 바스켓이다. 휠체어를 탄 사람들이 도르래를 움직여서 식재를 하거나 물을 준 후 다시 올려놓을 수 있게 한 세팅이다.

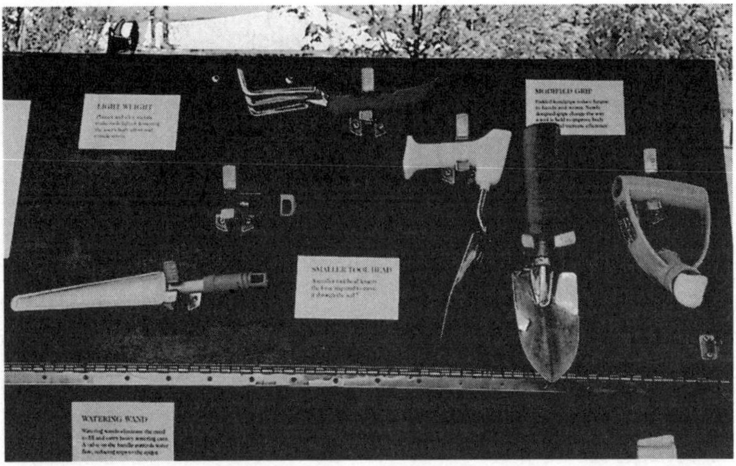

미국 시카고에 위치한 시카고 보태니컬 가든 내에 있는 원예치료 정원이며 정원 한 쪽에 장애가 있는 대상자들이 사용하도록 만들어진 각종 도구를 이름표를 붙여서 전시하고 있는 세팅이다.

미국 시카고 근교에 위치한 노인센터로서 건물이 사용자를 위한 공간임이 느껴진다. 실내 중앙에 정원을 꾸며 놓고 천창을 만들어서 언제든지 햇빛이 들어오며 2층 높이의 키 큰 나무들이 아름답게 공간을 꾸며 주고 있다.

미국 시카고 근교에 위치한 노인센터로서 '아트 앤드 크래프트' 방에서 제라늄으로 화분을 만드는 작업을 하고 있다.

3. 원예활동과 식물

원예치료에서 이용할 수 있는 원예활동의 범주는 크게 다음과 같이 일곱 가지 영역으로 분류할 수 있다.

1) 원예활동의 범주

① 실내에서 식물 기르기
② 실외 정원에서 식물 기르기
③ 아트와 크래프트(실내, 실외)
④ 그룹활동
⑤ 소풍

⑥ 요리
⑦ 식물과 관련된 공부

2) 원예활동의 예

활동의 예 가운데 원예치료 적용에 중요한 의미를 내포하고 있는 것을 설명하면서 활동들의 종류를 보면 다음과 같다.

(1) 실내에서 식물 기르기

① 꽃꽂이, 코사지 만들기
② 접시정원, 테라리움

접시정원

전체와의 조화 속에서 사회생활과 유사한 패턴을 하고, 조화를 이루고 있다. 활동의 목표는 공동체, 가족, 자기 자신과 조화를 이루어 지낸다는 것이 될 수 있다. 또한 자연의 패턴을 이용하여 자신의 식물들을 배치함을 통해 외부세계에 대한 관심과 관찰력을 높일 수 있다.

출처: 홍경숙(1997). **손바닥 정원**. 서울문화사.

재료: 용기, 흙, 조화가 되는 식물

과정: 접시 정원을 만들기 위해 그룹토의 용기, 흙, 식물 선택에 대한 토의

테라리움

출처: 홍경숙(1997). **손바닥 정원**. 서울 문화사.

지구의 대기에서 일어나는 순환을 보여주는 활동이다. 증발과 증산은 용기의 위에 물방울이 맺히는 것으로 관찰되며, 나중에는 비로 인해 토양으로 돌아온다. 광합성과 공기 순환은 밀봉된 테라리움 환경에서 식물이 자라는 것으로 증명이 된다. 또한 지구에 살고 있는 사람들의 삶을 객관화시킴으로써 태어나고 죽는 순환의 과정에 대한 토의를 이끌 수 있다. 자연의 순환적 성장에 대한 이해는 삶에 대한 경이의 느낌을 증대시킬 수 있다.

③ 실내 화분용 화초: 재배, 동정[14], 번식

④ 수경 재배: 고구마, 사이프러스, 당근과 사탕무, 물냉이

⑤ 실험: 빛, 온도, 물, 비료

⑥ 화훼 촉성 재배: 구근, 봄가지

(2) 실외정원에서 식물 기르기

① 꽃, 채소 또는 허브 정원: 예를 들면 토양의 계획 및 준비, 석회 소독과 비료주기, 식물 심기, 잡초제거, 물주기, 수확 등

② 가꾸기: 씨앗심기, 번식, 경작, 물주기, 땅파기

14) 동정(同定): 생물의 분류학상의 소속을 정하는 일.

번 식

실내 · 실외 정원에서 번식의 의미는 "희망"이며 이는 인간 생활에서도 자녀 양육에 관련된 이미지를 떠오르게 한다. 삽목은 영양번식으로서 "mother plant"에서 줄기나 잎을 채취해 물이나 모래에 두면 새로운 식물이 된다. 이와 같은 활동들은 식물의 번식시키는 방법을 관찰함으로써 대상자의 생명에 대한 관심을 일신시킨다. 대상자가 식물의 성장을 관찰하여 보고하는 것은 생명에 대한 관심을 갖도록 이끌어 줄 수 있으며 대화를 위한 자극이 된다.

준비물: 컨테이너, 물을 담은 컨테이너, 흙, 삽, 곁가지가 많은 실내 식물, 칼, 꼬리표, 매직펜, 물뿌리개

과정:
- 흙을 물에 섞어서 축축하게 만든다.
- 삽으로 흙을 화분에 넣는다.
- 마디 바로 아래에서 식물을 자른다.
- 마디를 흙에 묻는다.
- 흙에다 모래를 덮어 얇은 층을 만든다.
- 물뿌리개로 물을 뿌린다.
- 이름표에 식물 이름을 쓰고 흙에 꽂는다.
- 비닐팩으로 싼다. 온실 효과 환경을 제공한다.
- 일주일 정도 둔다.

③ 조원(造園) 관리: 예를 들면, 풀베기(잔디깎기), 가지치기, 가두리 침, 잡초제거, 이식 등

(3) 아트와 크래프트

실내 크래프트

① 표본 정원
② 종이, 리본, 헝겊과 플라스틱 필름 등을 이용한 조화
③ 정원 목록이나 잡지에 있는 콜라주 기법의 사진들(벽걸이, 폐품 상자 등)
④ 정원 장갑의 장식이나 정원작업을 위한 앞치마 제작, 십자수 꽂 등을 위한 자수 용품(바느질 제품) 설계
⑤ 씨앗이나 열매, 그리고 말린 꽃으로 만든 보석 장식
⑥ 정원에서 얻은 재료들 엮기(weaving)
⑦ 종자 꼬투리나 솔방울, 사과, 고구마 등을 이용한 재미있는 그림 디자인
⑧ 씨앗 모자이크나 꼬투리 그림, 그리고 말린 꽃으로 만든 벽걸이 액자
⑨ 잎과 꽃의 인쇄, 감자 블록 인쇄 그리고 압화 기술을 사용한 편지지와 노트 카드
⑩ 책갈피(즉, 투명 플라스틱 안에 싸인 압화)
⑪ 허브나 꽃, 솔잎으로 채워진 향낭
⑫ 플라스틱제의 잔잔한 물병, 커피캔, 주조물 등으로 만든 식물 재배 용기

포푸리 만들기

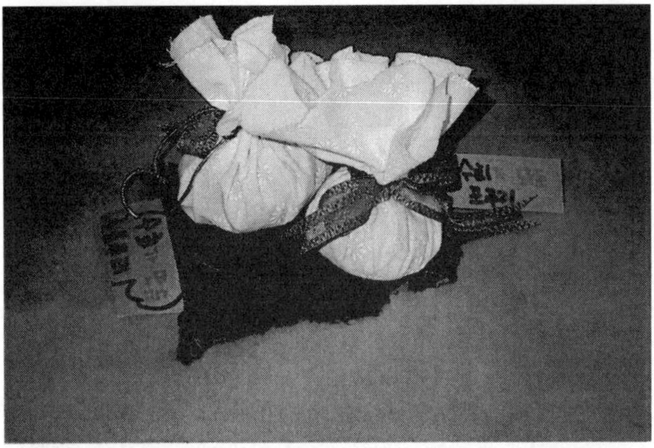

포푸리 만들기는 쓸모없는 것이 쓸모 있는 것으로 변화하는 과정을 통해 생명을 가진 모든 존재들이 소중함을 인식할 수 있으며 그 과정을 토의의 주제로 삼아 자신을 객관화시킴으로써 삶의 생기를 얻을 수 있다. 주로 노인과 교도소 재소자 등 자신감을 잃은 사람들에게 유용한 활동이다.

⑬ 종이로 만든 과일, 채소, 꽃병

⑭ 야생화, 양치류 주조물의 석고 모형

⑮ 게시판 장식물

⑯ 말린 꽃 만들기(자연 건조, 붕사와 모래, 실리카겔, 글리세린, 눌러 말리기)

⑰ 씨앗 꼬투리로 만든 장식품, 화환, 코사지, 크리스마스 카드와 같은 크리스마스 공예품

⑱ 원예 달력 만들기

⑲ 꽃 그림 그리기

꽃그림 그리기

출처: 황대권(2002). **야생초 편지**. 도솔

자신이 재배한 꽃을 자세히 관찰하는 것은 좋은 경험이 된다. 대상자의 그림이 그들 자신에게 어떤 의미를 지니는지에 대한 대화를 통해서 삶에 대한 전체적인 통찰까지 주제가 확장될 수 있는 활동이다. 또한 『야생초 편지』 황대권 님의 경험으로 '자기정화'의 기능이 있음을 말하고 있다.

실외 크래프트

① 화분이나 대나무로 만든 풍경

② 징검다리 돌

③ 정원 조각품

④ 정원 시설물

⑤ 새 유인물(죽, 모이통, 집, 목욕 그릇 등)

⑥ 목공, 점토로 된 배수관, 콘크리트로 만든 식물 재배 용기와 윈도우 박스

⑦ 허수아비

⑧ 풍경그림 그리기

⑨ 사진 찍기

(4) 그룹활동

① 게임(정원 빙고, 꽃 퀴즈)

② 이야기들(그림보고 이야기 구성하기, 펠트 판에 그림 꽂기, 신화와 전설, 팬터마임, 촌극 등)

③ 영화와 슬라이드 쇼(도서관, 수목원, 그리고 원예클럽 등에서 입수 가능한 자료 등)

(5) 소풍

① 수목원, 정원 그리고 공원

② Flower show

③ 원예 사업(예를 들면, 온실, 묘상〈苗床〉, 과수원, 채소 생산 등)

④ 수집 여행(등산과 전시, 다른 공예물들을 위한 저장): 돌, 곤충, 잡초, 야생화, 열매, 나무 꽃, 씨앗과 꼬투리, 이끼와 테라리움 식물 또는 자연산책

자연산책

자연산책은 현실과 접촉하지 않는 정신 질환자 들에게 도움을 준다. 자연산책은 시각, 청각, 촉각의 감각을 사용하는 것을 강조하고 현실과 연결되도록 만드는 것에 유용하다. 수집된 것은 나중에 다양한 화제 거리로 혹은 소재로 쓸 수 있다.

(6) 요 리

요리하기 활동은 원예에 대한 흥미를 갖게 하고 여러 가지 방법에 의해 사물의 변화를 탐색하게 되며 그것과 연계되어 우리의 신체, 영양까지 폭넓은 관심과 배움의 기회를 제공하며, 우리가 먹는 음식이 어디서 와서 어떻게 길러지며, 어떤 방법에 의해서 조리되는 과정에 대한 직접적인 경험을 통해 정신적인 이미지를 간직하게 된다. 또한 다양한 형태로 이웃과의 나누는 경험을 통해서 사회적 상호작용의 과정을 경험하도록 한다. 요리하기 활동의 예는 다음과 같다.

① 잼(허브, 딸기, 무화과, 사과, 수박, 포도)
② 피클(고추, 오이, 무, 당근, 양파)
③ 김치(열무, 알타리, 깍두기, 배추, 순무, 겉절이)
④ 수프(단호박, 당근, 양파, 야채)
⑤ 전(호박, 부추)
⑥ 병조림(복숭아, 배)
⑦ 차(허브, 감잎, 솔잎)
⑧ 장아찌(오이, 콩잎, 고추, 깻잎)
⑨ 간장, 된장, 두부 만들기
⑩ 나물 무침

(7) 식물과 관련된 공부

① 곤충과 질병

② 토양

③ 정원의 새, 나비와 동물

④ 날씨

3) 활동에 이용할 수 있는 식물

활동에 이용할 수 있는 식물은 우리 주변에 있는 모든 식물이 대상이 된다. 원예치료에서 식물 이용의 어려움은 위의 예에서 제시 한 것처럼 우리 생활에 있는 문제와 연관 지을 수 있는 식물의 의미를 파악해야 하는 데 있다. 따라서 오랜 시간 관찰과 양육의 체험, 이론적 지식이 필요하다. 다음에 제시하는 식물들은 우리 일상생활 가까이에서 쉽게 접할 수 있는 것들이다.

(1) 실내에서 이용할 수 있는 식물

① 관엽식물 - 파키라, 아로우카리아, 벤자민고무나무, 소철, 떡갈잎고무나무, 아레카야자, 유카, 관음죽, 공작야자, 행운목, 팔손이, 남천, 동백나무, 피닉스야자, 드라세나, 종려죽, 대나무, 헤고, 디펜바키아, 골드크리스티, 와네키, 칼라데아마코야나, 엽란, 홍콩야자, 몬스테라, 폴리시아스, 아글라오네마, 네프로네피스, 제브리나, 크로톤, 접란, 마란타, 페페로미아, 신답서스, 싱고니움, 푸밀라고무나무, 알로카시아, 관엽베고니아, 시서스, 칼라디움 등

② 꽃을 볼 수 있는 식물 - 스파티필름, 아잘레아, 익소라, 안스리

움, 심비디움, 카틀레야, 팔레놉시스, 카랑코에, 프리뮬러, 클로로덴드롬, 군자란, 아프리칸 바이올렛, 시클라멘, 히아신스, 튤립, 수선화 등

③ 채소 - 배추, 가지, 쑥갓, 고추, 토마토, 오이, 상추 등

④ 허브 - 레몬밤, 로즈마리, 타임, 바질류, 민트류 등

(2) 실외에서 이용할 수 있는 식물

① 채 소

과채류 - 가지과 - 토마토, 가지, 고추
- 콩과 - 콩, 땅콩
- 박과 - 수박, 참외, 오이, 호박
- 기타 - 딸기, 옥수수
엽경채류- 엽채류 - 배추, 양배추, 상추, 시금치, 샐러리, 파슬리
경채류 - 아스파라거스
인경채류 -양파, 파, 마늘
화채류 - 커리플라워, 브로콜리
- 기타 - 버섯, 양송이
근채류 -직근류 - 무, 당근, 래디쉬
괴근류 - 고구마, 마
괴경류 - 감자, 토란
근경류 - 생강, 연근

② 과수

인과류 - 사과, 배

핵과류 - 복숭아, 자두, 앵두, 살구, 대추, 매실

각과류 - 호두, 밤

장과류 - 포도, 무화과

준인과류 - 감

③ 관상식물

1, 2년 초화류 - 봉선화, 해바라기, 코스모스, 메리골드, 프리뮬러, 백일홍, 나팔꽃 금잔화, 아게라텀, 사루비아, 페튜니아, 과꽃, 이파첸스 등

숙근초화류 - 국화, 카네이션, 옥잠화, 패랭이, 벌개미취, 붓꽃, 숙근플록스, 꽃잔디 등

구근초화류 - 백합, 히아신스, 글라디올러스, 아마릴리스, 아네모네 등

화목류 - 무궁화, 수국, 목련, 장미, 철쭉, 개나리 등

다육식물류 - 용설란, 돌나물, 알로에, 선인장 등

수생식물류 - 물옥잠화, 연꽃, 수련 등

선인장

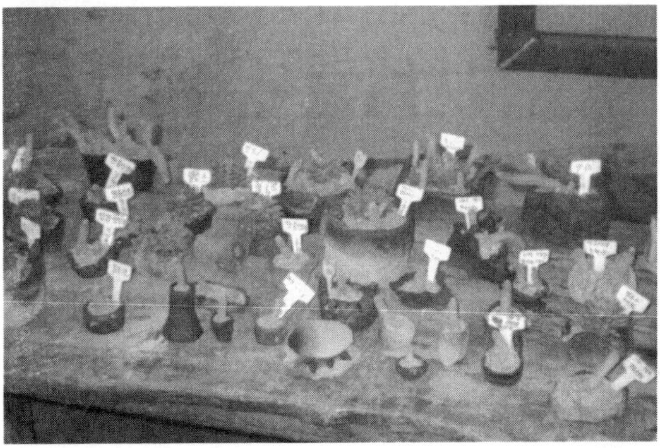

선인장이 거친 환경에서 어떻게 살아가는지를 설명해 주는 기회가 제공되고 이 지식이 대상자의 환경에 적용하여 그 또한 살 수 있다는 것을 알게 해 주는 좋은 기회를 제공한다. 환경을 문제의 원인으로 돌리고 생활하는 사람들에게 유용한 식물이다.

④ 허브 - 로즈마리, 레몬밤, 세이지류, 라벤더, 민트류, 제라늄류, 딜, 마조람, 베르가못트, 보리지, 바질류, 케모마일, 차이브, 헬리오트로포트, 히숍, 펜넬 등

4. 치료 목적

'사람의 사회적, 교육적, 심리적, 신체적 적응력을 향상시켜 몸과 마음과 기분을 개선시키기 위해 식물과 원예활동을 이용하는 과정'으로 정의되는 '치료'의 목적은 대상자의 적응력의 향상을 통해 그들의 몸과 마음과 기분을 개선시키는 것이 삶의 질을 높인다는 전제를 내포하고 있다. 다른 표현들로 원예치료의 목적을 본다면, 다른 많은 치료들이 목적으로 삼고 있는 바와 같이 궁극적으로는 자기 자신에 대한 이해, 행동 변화 및 생활양식의 변화, 대처 및 적응의 향상, 그리고 관계 향상을 통하여 삶의 질을 향상시키는 것으로 볼 수 있다. 이러한 궁극적 목적을 위해, 원예치료에서 설정할 수 있는 치료의 목적은 우선 원예치료가 적용되는 치료 공간에 따라 달라질 수 있으며 원예치료사가 각각의 공간에 대한 깊은 이해를 바탕으로 도출해야 하는 부분이기도 하다.

예방 공간에서의 원예치료는 그 목적으로 삼는 것이 인간의 전 생애에 걸친 정상 발달을 기초로, 건강하며 적응적인 삶을 살 수 있도록

도와주는 것이 된다. 따라서 치료 목적은 대상자의 사회적, 교육적, 심리적, 신체적 상태의 적절한 조화와 원활한 발달을 도와주는 것과 발달의 단계에서 일어나는 과업들을 적절히 해결할 수 있는 자극의 제공이 될 수 있다.

치료 공간에서는 현재 신체적 혹은 정신적인 문제를 지닌 대상자들을 위해 제공되는 원예치료로서, 이 공간에서는 현재의 문제 상태를 개선시키기 위한 처치가 이루어져야 한다. 따라서 치료의 공간에서 이루어지는 원예치료의 목적은 대상자의 현재 상태에 대한 이해와 그것의 바탕에 깔려 있는 원인에 대한 통찰을 토대로 상태의 개선을 이끌어낼 수 있는 구체적인 방향과 처치로 설정되어야 할 것이며, 이와 더불어 대상자 스스로 자신의 상태를 치유해 나갈 수 있는 원동력을 발견할 수 있도록 유도하는 것이 목적이 될 수 있다.

재활 공간에서의 원예치료는 유전적 특성들에 의해 발달 과정에서 나타나는 신체적 혹은 정신적 기능상의 문제를 지닌 사람, 또는 정형외과적 처치가 필요한 사람 등 생활 기능에서의 개선을 필요로 하는 모든 사람에게 이루어지는 치료이다. 따라서 여기에서 찾아볼 수 있는 치료 목적은 현상적인 부분의 접근으로서 재활을 위한 실제적인 연습의 제공이 될 수 있으며, 보다 근본인 부분으로의 접근은 대상자로 하여금 현재의 상태를 개선하고자 하는 희망과 의욕의 창출이 될 수 있을 것이다.

이와 같이 원예치료가 적용될 수 있는 각각의 공간에 대한 이해와 큰 목적들은 신체적 영역, 사회성 영역, 인지적 영역, 정서적 영역이라는 목적 영역으로의 접근을 통해 달성될 수 있다. 이 네 가지의 목적 영역은 원예치료사로 하여금 각각의 공간에서 이루어지는 원예치료가 어떠한 방향에서 접근하여 궁극적인 목적에 도달할 수 있는지에 대한 방향성을 제공하여 주는 것으로, 영역의 선택에는 대상자에 대한 이해와 대상자의 요구, 그리고 치료사의 전문적인 판단이 함께 어우러져야 할 것이다. 목적 영역의 선택에 따른 다음 단계의 치료 목적은 해당 목적 영역 내의 문제점 혹은 도움이 필요한 부분에 대한 고찰이다. 이 단계에서 고려된 세부 사항들은 대상자에 대한 구체적이고 현실적인 이해와 기존에 진행되었던 치료에 대한 평가, 그리고 여타 자원에 대한 점검이 이루어진 후에 설정될 수 있으며, 여기에서 구체적인 치료의 목적 설정이 이루어진다.

각각의 단계들을 거치면서 최종적으로 도출된 목적의 설정과 그것을 달성하기 위한 목표의 기술에 있어서 Bloom의 교육적 측면의 모델을 참고할 수 있다. 원예치료에서 이를 참고하여 치료 목적을 설정한다면 논리적이고, 명료한 목표의 설정에 도움을 받을 수 있을 것이다.

우선 목표(objective)는 '대상자들이 활동을 통해 어떻게 변화할 것인가'를 서술하는 문장이며 목적에 도달했음을 나타낼 방법을 제시하는 문장이다. 대상자들이 치료의 목적으로 원예치료에 참여함으로써 어떻게 변화할 것인가에 대한 서술이 될 것이며, 대상자가 치료 목적에 도달하였음을 나타낼 수 있는 방법이 될 것이다. 따라서, 목표 = 내용(주제) + 최종 행동(동사)으로 생각할 수 있다(조벽, 2002). 그러나 목표를 설정할 때는 대상자의 생물학적, 심리적, 사회적, 환경적 특성이 이해된 상태에서 꼭 Bloom의 교육 모델을 따를 필요는 없다. 대상자의 긍정적인 변화에 초점이 맞춰져서 치료 전략이 치료사에 의해 개발되면 되기 때문이다.

치료 목적에 대한 평가 및 측정

치료 목적에 대한 설정은 필수적으로 측정 및 평가가 가능하여야 하는 것이다. 이것은 치료가 실행되었을 때, 대상자는 치료사가 의도한 방향으로 개선되었는지, 즉 치료가 효과적이었는지에 대한 평가를 위한 것으로서 연구를 위한 설계에서만 필수적인 것이 아니다. 원예치료사가 대상자에게 적합한 치료 목적을 세우고 이에 따른 원예치료를 실시하였을 때, 치료 목적에 대한 평가는 치료가 성공적으로 이루어졌는지 여부를 보여주는 것으로 치료에 좋은 피드백을 제공한다. 이러한 피드백은 다음에 실시 될 원예치료에서 좋은 지침이 될 수 있는데, 치료 목적의 선정 및 활동의 구성을 더 발전적으로 계획하는 데 기초 자료가 될 수 있기 때문으로 이것은 원예치료의 효과를 더욱 높이는 계기가 될 수 있는 것이다.

여기에서 치료 목적의 평가는 크게 두 가지의 방식으로 이루어질 수 있다. 양적 자료의 산출과 질적 자료의 산출이 그것으로, 양적 자료의 산출은 치료 목적의 도달 여부나 도달의 정도 등을 평가하는 데 있어서 수량화를 통해 나타내는 방식을 말하며, 질적 자료의 산출은 치료 목적의 평가를 수량화보다는 심층적이고 자세한 기술을 기초로 평가하는 방식이다. 두 방식의 평가는 각각의 장단점을 지니고 있으며, 치료 목적에 근거하여 원예치료사의 판단으로 선택되어야 할 부분이다.

제5장 원예치료의 일반적인 효과

원예치료는 지금까지의 연구 결과를 토대로 효과들이 입증되었고 Relf(1992)는 다음과 같이 일반적인 효과를 정리하였다. 치료의 효과는 대상인 사람에게 초점이 맞춰져 있기 때문에 원예치료 정의와 연관지어 인간의 네 가지 측면에 맞춰져 있다.

1. 인지적 측면

① 새로운 기술의 습득: 각 개인은 식물의 번식이나 조원, 그리고 꽃꽂이와 같은 기술이나 방법을 배움으로써 많은 새로운 가능성들을 얻는다.

② 어휘력과 의사소통 기술의 향상: 프로그램 참가자들은 새로운 개념뿐 아니라 새로운 용어들도 습득한다.

③ 호기심의 자극: 식물은 매혹적이며 많은 질문거리를 유발시킨

다. 식물들은 어떻게 그리고 왜 그들 나름대로 성장하는가 라는 물음을 얻게 되고 실험 기회를 제안한다.

④ 관찰력의 증가: 식물, 인간 그리고 동물 간의 상호작용을 바라보는 것은 깊은 이해력과 관계의 평가 능력을 발전시키는 데에 도움이 된다. 이는 계획을 세우고 결정을 하는 능력의 향상도 이끌어 낸다.

⑤ 직업상의 또는 직업학교 입학 전의 훈련: 많은 다른 종류의 학교와 기관에서 참여자들을 프로그램 수료 후에 원예 관련 직업에 일자리를 알선해 준다.

⑥ 감각 지각의 자극: 시각, 청각, 촉각, 미각, 그리고 후각은 원예치료를 통한 이익을 모두 획득하는 데에 있어 중요한 역할을 담당한다. 동시에 자신의 주변 환경에 대한 감수성은 세부 지각의 향상을 증가시킨다.

2. 사회적 측면

① 집단 내에서의 상호작용: 집단 구성원은 그들의 공통 목표를 향해 공동 작업을 함으로써 서로가 좀 더 의미 있는 방향으로 관계 맺어 나감을 배운다. 그들은 다른 이들의 권리를 존중하는 것을 배우고 더욱 협력적이 될 수 있으며, 그리고 책임을 공유하게 된다. 또한 지도력 개발의 기회를 얻을 수도 있다.

② 집단 밖에서의 상호작용: 각각의 사람들에게는 기관 내에서뿐 아니라 공동 사회의 장애인 구성원들과 정원 클럽, 플라워 쑈 그리고 소풍을 통해 만남의 기회를 얻는 것이 그들의 사회적 성장에 있어 중요한 경험이 된다. 노력을 통해 얻은 산물들을 다른 이들과 공유하는 기회도 원예치료의 중요한 방향이다. Will Menninger 에 따르면 그

들이 일을 통한 산물들을 경제적으로 불행한 사람들에게 나눠주면서 종종 처음으로 자신을 사회의 생산적인 구성원으로 그려보게 된다고 한다.

3. 정서적 측면

① 자신감과 자기존중감의 향상: 식물 재료와 활동은 프로그램에서 구성원들의 성공 정도를 보증하는 것으로서 선택될 수 있다. 완성된 기획에서의 긍지와 책임감 및 성취감 모두 자아개념을 이끌어낼 수 있다.

② 공격 성향을 사회에서 용인하는 수준으로 경감시킬 수 있는 기회: 생울타리의 가지치기나 온실에서 사용하기 위한 오래된 화분을 해체하는 것을 통해 원예치료 프로그램은 많은 공격성의 배출구를 제공하며, 이러한 공격성 표출의 방향을 수정함으로써 자기 조절 능력을 향상시킬 수 있도록 한다.

③ 미래에 대한 흥미와 의욕을 촉진시키는 활동: 이는 특히 자신의 미래에 대해 흥미를 잃은 고령자들과 정서적으로 저해된 사람들에게 중요한 관점이다. 꽃눈에서의 개화나 종자의 발아를 예상하는 것을 통해 흥미가 재생될 수 있다.

④ 창조 성향에 대한 만족의 기회: 창조성과 자기 표현은 꽃꽂이, 조경술에 의한 환경 미화 그리고 다른 많은 원예의 측면들을 통해 확실히 드러난다.

4. 신체적 측면

① 기본적인 운동 근육 기능의 발달 및 향상: 특정 활동은 근육 조정과 사용하지 않는 근육의 단련에 사용될 수 있다. 예를 들면 육묘의 이식은 쥐기와 놓기 그리고 엄지와 다른 네 손가락 관절의 굴곡 동작 연습에 사용될 수 있다.

② 야외 활동의 증가: 꽃과 채소 정원뿐 아니라 조경 관리 활동은 의미 있는 야외 활동 기회를 많이 제공해 준다. 성공적인 원예치료 프로그램을 시작하기 위해 값비싼 설비나 큰 정원이 필요한 것은 아니다. 원예 활동을 도모하는 데 있어서 상상력과 독창력 그리고 가장 제한된 설비조차 조정될 수 있다. 사용 가능한 온실이 없는 경우라면 햇빛 비치는 창이 사용될 수 있다. 창이 없다면 특수한 조명이 식물 생장을 위해 설치될 수도 있다. 만약 정원을 만들 공간이 없다면 화분이나 접시 정원, 테라리움이 사용될 수 있다.

③ 기초운동 기술의 발달을 도와주고 실외 운동 연습을 할 기회를 제공: 식물이 사람처럼 음식과 물, 청결, 휴식, 성장이 필요하다는 것을 이해함을 통해 건강한 일상생활을 확립할 수 있도록 도와준다.

제6장

원예치료의 연구 방법

원예치료를 발전시키고, 정교화하며 더욱 효과적인 치료의 적용을 위해서는 치료 성과에 대한 체계적인 연구가 필요하다. 현재까지는 연구가 다양하게 이루어졌으나, 그것에 체계가 부족한 것이 사실이다. 이러한 점을 보완하기 위해 우선적으로는 과학적 방법으로서의 연구에 대한 틀과 함께 연구의 유형에 따른 각각의 전략적 접근들에 대한 이해가 이루어져야 할 것이다. 또한 다양한 전략의 접근 방법들에 따른 연구 설계와 효과 측정이 뒤따라야 할 것이다. 여기에서 설명되는 많은 부분의 이론적 설명은 그에 대한 실제적 예가 제시되어 있지 않다. 그것은 아직 원예치료학이 학문으로서 각각의 다양한 방법론의 사용과 엄격한 연구설계에 따른 결과 제시가 미흡하게 때문인데, 앞으로 원예치료학이 학문으로서 발전해 나아가는 기본 바탕을 제시해 줄 연구 결과들이 다음과 같은 기본적인 연구의 틀 속에서 진행되어 더욱 탄탄하고 객관적이며, 논리적인 형태를 갖추어 주길 바란다.

1. 과학적 방법으로서의 연구

연구는 "조직적이고, 객관적이며, 신뢰성 있는 방식으로 특정의문에 관한 구체적인 해답을 추구하는 목표 지향적 과정"이라고 정의되며, 과학적 방법으로서의 연구는 문제 해결을 위한 접근 방법인 자료의 수집에 있어서 체계적이고 논리적이며 경험적으로 증거가 수집된, 그리고 반복되어 관찰이 가능한 특성을 지니고 있어야 함을 뜻한다(송인섭, 1997).

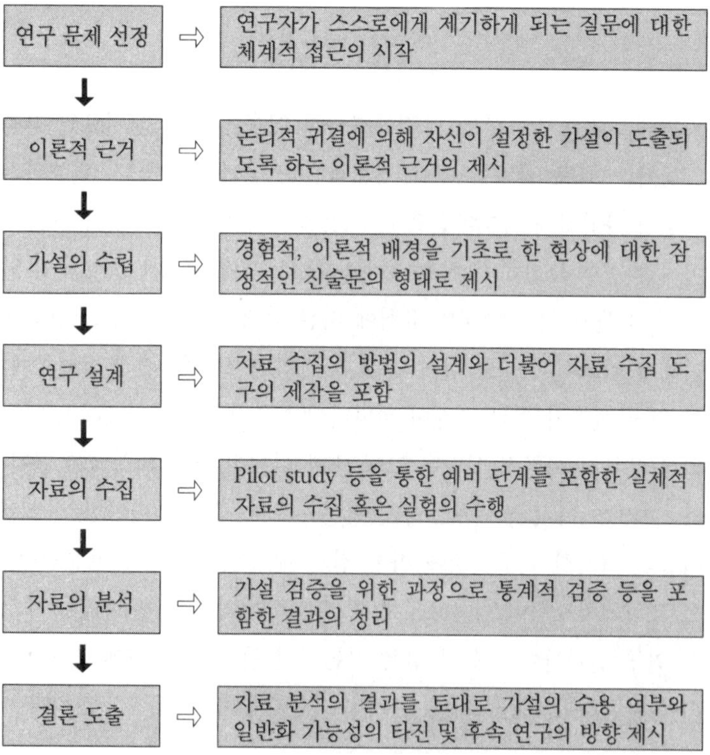

과학적 방법의 연구 순서

보편적으로 받아들여지고 있는 과학적 연구 방법의 단계는 연구 문제의 선정으로 시작하여, 문헌고찰 혹은 이론적 근거 마련의 단계, 가설 수립의 단계, 연구 설계의 단계, 자료 수집의 단계, 수집된 자료에 대한 분석 혹은 가설 검증의 단계, 마지막 결론의 도출의 단계를 거친다. 각각의 단계를 도식적으로 살펴보면 위와 같다.

2. 원예치료 연구 유형

연구의 목표에 따른 연구 유형으로 크게 나뉘어 지는 것은 기초연구(Basic research)와 응용연구(Applied research)이다. 기초 연구는 연구의 목적이 실제 문제의 해결에 선행되는 학술적이며 과학적인 이론의 기초 정보를 제공하기 위한 것이며, 응용 연구의 경우는 실제 문제 상황에서 이론의 적용으로 문제 해결이나 상황의 진행과 결과를 개선시키는 데에 그 목적을 두고 있다. 따라서 원예치료학에서의 연구 또한 두 가지의 서로 다른 목적을 갖고 이루어질 수 있다.

1) 기초 연구

기초 연구의 가장 큰 목적은 이론의 수립과 이론에 대한 정련 및 세련(Elaboration & Refinement)을 위한 것이다. 이론의 수립에서는 기본적으로 세 단계로 나누어 보는데, 첫째 단계는 원예나 인간 전반에 대한 원리들이 현재 나와 있는 공리들의 통합적 모델을 수립하는 데에 사용되는 단계이고, 두 번째 단계는 관련된 자료들로부터 나온 기존의 결과들이 성립된 이론의 신빙성을 부여하기 위해 사용되는 단계이다. 마지막의 단계는 성립된 이론을 검증하기 위한 새로운 연구가 발제 되고 수행되는 단계가 이어질 수 있다. 그리고 정련 및 세련을 위한 상황에서의 기초 연구는 이론이나 모델에 있어서 발전되고 더욱 세밀한 수정을 위한 목적 하에 이루어지는 연구를 말한다.

원예치료학에서 기초 연구는 그 시작을 원예치료의 이론적 배경에 대한 접근으로 이루어질 수 있다. 그러나 현재까지의 원예치료학 연구들은 통합적이며 총체적인 이론의 성립이나 모델의 구성의 측면에서의 성과가 미흡한 실정이다. 크게 둘로 나누어 추후에 기초 연구의 대상이 될 수 있는 부분은 첫째, 원예활동의 주체로서 인간에 대한 이해에 초점을 둔 새로운 모델의 성립, 둘째, 원예의 역할의 네 가지 측면에 대한 이론 성립과 모델의 구성이다. 원예활동의 주체로서 인간에 대한 이해에서는 식물의 생명요소와 인간의 생명요소를 결합하여 인간이 얻는 이득에 대한 구체적인 이론적 연계를 이끌어 내야 할 것이다. 인간의 식물에 대한 신체적 의존도와 정신 생리학적 반응에 관한 연구들은 현재 여러 결과들을 보이고 있는데, 이를 발전시킨 추후의 연구들은 지금까지의 선행 연구들에서 도출된 결과들을 통합적인 모델로 수립시키는 이론 수립의 첫 번째 단계의 연구가 행해져야 할 것이다. 그리고 생명이라는 대상을 돌봄으로써 얻어지는 효과들에 대한 연결 고리의 확립을 위한 연구가 이루어져야 할 것이다. 또한 사회적 상호작용의 분야에서도 다양한 연구가 진행되어야 한다.

2) 응용 연구 - 치료 성과 연구

성립된 이론을 실제에 적용하여 문제 해결이나 상황의 진행과 결과를 개선시키기 위한 목적으로 행해지는 응용 연구의 유형을 원예치료에서 보면, 원예치료의 치료 성과 연구에 해당하는 부분이다. 즉, 이론적으로 성립된 다양한 원예의 치료적 이득에 대한 설명과 모델들을 실제 치료 장면에 적용하여 대상자로 하여금 긍정적인 상태로의 변화를 이끌어내는지에 대한 여부에서부터, 실제적으로 어떠한 부분이 효과를 이끌어냈는지 등에 대한 연구가 이에 해당할 것이다.

치료 성과에 관한 연구의 시작은 다양한 질문의 제기에서 비롯된다. 기본적으로 '원예치료는 목적으로 설정한 효과를 보였는가' 라는 질문이 제기될 수 있으며, '원예치료의 어떤 측면이 효과적이었는가', '대상자의 어떤 특성이 원예치료의 효과와 관련되는가' 등 발전된 형태의 치료 성과 연구를 위한 질문들이 있을 수 있다. 이렇게 다양한 질문들은 각각 상이한 전략을 사용한 연구 접근법의 적용이 필요한데, 이러한 접근법을 개략적으로 살펴보면 다음과 같다.

치료 성과 연구

치료 성과 연구 전략 접근법	대답하고자 시도하는 질문들
치료 전략	"치료는 효과적인가?"
해체적 치료 전략	"치료의 어느 측면이 효과적인가?"
건설적 치료 전략	"효과적인 치료를 더 효과적으로 만들기 위해 추가될 것은 무엇인가?"
매개적 치료 전략	"치료를 더 효과적으로 만들기 위해 치료의 어느 측면이 변경될 수 있는가?"
비교 치료 전략	"어느 치료적 접근법이 더 효과적인가?"
대상자 - 치료자 변산 전략	"어떤 유형이 치료자와 환자가 치료에 가장 효과적일 가능성이 있는가?"
과정 연구 전략	"실제적인 치료과정이 어떻게 치료 성과에 영향을 주는가?

출처: 손정락(2000). 현대임상심리학. 서울: 시그마프레스. 재인용.

치료 전략 "치료는 효과적인가?"라는 질문에 답하려 시도하는 연구의 접근 방법으로서, 원예치료에 대한 연구에서 시작점을 제공해 주는 가장 기본적인 접근 방법이다.

해체적 치료 전략 "치료의 어느 측면이 효과가 있는가?"라는 질문에 답하려 시도한다. 이 전략의 초점은 치료가 효과적이라고 밝혀진 후, 그 치료적 전략의 효과적인 요소를 규명하는 것으로 원예치료가 진행되는 과정에서 어떠한 접근 방식이나, 활동의 형식 등이 대상자로 하여금 치료적 효과를 나타내도록 하였는지에 대한 규명을 위한 접근 방법이다. 이러한 해체적 전략은 치료 동안의 변화 근거를 밝히기 위해 사용된다.

건설적 치료 전략 "효과적인 치료를 더욱 효과적으로 만들기 위해서 추가될 것은 무엇인가?"라는 질문에 답하려 시도한다. 건설적 치료 접근은 치료 성과를 향상시킬지 여부를 밝히기 위해 치료에 다양한 요소를 추가한다. 이러한 접근 방법에 의한 연구의 설계는 한 집단의 대상자들은 표준적인 치료를 받는 반면, 다른 집단의 대상자들에게는 표준 치료에 새로운 부가적 요소를 첨가한 프로그램의 적용을 통해 결론을 이끌어 낼 수 있다.

매개적 치료 전략 "치료를 더 효과적으로 만들기 위해 치료의 어느 측면이 변경될 수 있는가?"라는 질문에 답하려 시도한다. 이 접근은 치료의 특정 측면을 변화시키는데, 이 변화가 치료의 효과성을 향상시킬 수 있는지 여부를 밝히려는 것이다. 매개적 접근은 종종 치료 시간이나 강도를 변경시키는 것을 포함한다. 예를 들어, 정신지체 청소년을 대상으로 한 원예치료의 프로그램 회기를 12주에서 18주로 기간을 늘렸을 때, 치료 효과가 더욱 향상되는지 여부를 확인해 봄으로써, 효과적인 프로그램 기간의 선정에 도움이 되는 결과를 얻어 낼 수 있는 것이다.

비교 치료 전략 "어떤 치료적 접근이 더 효과적인가?" 라는 질문에 답하려 시도한다. 이 접근은 치료 접근의 방식에 있어서의 변화를 통한 연구의 설계로 어떤 치료 접근 방법이 더 효과적인 결과를 내는지에 대한 결과를 얻는 전략이다. 예를 들면, 우울증 환자를 대상으로 한 원예치료의 프로그램에서 치료 접근 방식을 정신역동적 접근을 이용한 프로그램 진행과 인지적 접근을 통한 진행 중 어떤 것이 더 효과적이었는가에 대한 비교 결론을 도출해 낼 수 있는 연구 전략을 말한다.

대상자 – 치료사 변산 전략 "어느 유형의 치료자와 대상자가 치료에 가장 효과적일 가능성이 있는가?" 라는 질문에 답하려고 시도하는 것을 말하는데, 이를 원예치료에 적용시켜 보면, 대상자, 치료사의 두 변산과 더불어 원예에 관한 변산의 추가가 이루어질 수 있다. 즉, 어떤 원예 활동들의 구성이 어떤 대상자와 더욱 효과적인 결과를 얻어낼 수 있는지에 대한 연구가 이루어질 수 있으며, 어떤 종류의 식물 선정이 특정 대상자에게 효과적인 치료 매개체가 될 수 있는가에 대한 고찰을 포함할 수 있는 전략이다.

과정 연구 전략 "실제적인 치료 과정이 어떻게 치료 성과에 영향을 주는가?" 라는 질문에 답하려 시도하는 전략으로서, 이 연구 접근은 원예치료 과정의 어느 측면이 긍정적 치료 성과와 관계되어 있는지 여부를 밝히려고 시도한다. 과정 접근은 "치료사와 대상자 사이의 만족스럽고 생산적인 회기(세션)를 만드는 것은 무엇인가?" 와 같은 특정 과정 질문에 답하려고 시도한다.

3. 원예치료 연구 방법

1) 관찰법

관찰법을 사용하는 이유는 크게 사회적 상호작용의 과정을 있는 그대로 관찰하고 보고하기 위한 것을 들 수 있다. 이것은 집단 역학을 동시에 고려할 수 있는 방법이기도 하다. 또 다른 이유로서는 관찰의 대상이 되는 사람이 직접적인 정보의 원천으로 부적당한 경우에 정보를 수집하는 방법으로 사용하는데(Bogdan & Biklen, 1982), 예를 들면 아동의 경우나 혹은 정신 착란의 증상을 보이는 사람의 경우 자신의 상태에 대한 보고가 어려우며 일관성 없는 정보를 제공하는 경우가 생기므로 이에 대한 정확한 평가를 위해 관찰법을 사용하는 것이다.

(1) 관찰법의 종류

① 자연 관찰 대 체계적 관찰

자연 관찰법은 관찰 대상자의 상황에 어떠한 조취가 취해지지 않은 자연 상태에 대한 관찰이 이루어지는 방법으로, 기록 방법으로는 녹음이나 녹화의 방식을 이용할 수 있다. 이와는 달리 체계적 관찰법은 연구자가 자신의 의도를 위해 관찰 대상에게 특정한 상황을 연출시키도록 하거나, 개입이 이루어진 후의 행동을 관찰하는 방법이다. 예를 들면, 원예치료 상황에서 체계적 관찰법을 사용하는 경우 관찰 대상의 다른 사람과의 첫 대면상태에서 의사소통을 개시하는 기술에 대한 관찰을 하려는 연구자의 의도가 있는 경우, 관찰 대상에게 새로운 인물을 소개하는 상황을 연출할 수 있는데, 이 상황에서의 관찰 대상 행동에 대한 관찰 결과 기술이 체계적 관찰법을 이용한 것이다.

② 참여 관찰 대 비참여 관찰

참여 관찰법은 관찰 상황에 관찰자가 직접 개입을 하여 같이 상호작용을 하는 상황에서의 관찰 방법을 말하며, 비참여 관찰은 관찰자가 제3의 입장에서 상황에 직접적인 개입을 하지 않고 떨어져서 관찰을 하는 방법을 말한다. 참여 관찰법의 경우 관찰자가 관찰 대상과의 상호작용이 이루어지기 때문에, 객관적인 관찰이 어려운 경우가 발생되는 단점을 지니고 있으며, 이와 달리 비참여 관찰법은 객관적 관찰이 이루어질 수 있는 반면 관찰 대상자가 관찰자의 존재를 의식하여 자신의 행동을 가장하는 경우가 발생할 수 있다. 즉, 평상시의 행동과는 다른 행동들을 보임으로써 관찰 자료의 신뢰성에 문제를 일으킬 수 있는 단점을 지니고 있다.

(2) 관찰 연구 절차

관찰 연구의 절차는 과학적 연구 방법론의 절차의 틀 안에서 이루어지는데, 각 과정에서의 고려해야 하는 부분을 구체적으로 제시하자면 다음과 같다.

① 연구의 목적 설정

연구의 문제를 선정하고 해결하기 위해 연구의 목적을 설정한다. 관찰 연구는 관찰 자체가 연구의 목적이 될 수도 있다.

② 관찰자 결정

원예치료가 이루어지는 장면에서의 관찰법 사용이라면, 치료사 자신이 관찰을 할 것인지, 자원봉사자에 의한 관찰을 할 것인지 혹은 제3자에 의한 관찰을 할 것인지 결정해야 한다. 만약 전문적인 관찰의 기법을 사용해 보지 못한 관찰자로 선정한 경우 관찰자의 훈련이 필수적이다. 관찰자 교육은 기본적인 관찰의 특성에서부터 객관적이어야 함을 강조점으로 두고 이루어져야 할 것이다. 또한 여러 관찰자들에 의한 자료 수집을 계획한 경우 각각의 관찰자들 간에 행동들이 얼마나 일치를 보이는지에 대한 측정이 필요한데, 이것이 관찰자간 신뢰도이다.

③ 관찰 내용 결정

관찰과 기술이 이루어져야 하는 행동에 대한 구체적인 정의가 필요한 단계이다. 즉 어떠한 행동에 대한 관찰 및 서술을 할지가 결정되어야 하는데, 빈도 측정과 같은 양적인 자료의 산출을 위해서는 구체적으로 조작적 정의가 내려져야 하는 단계이다. 예를 들면 그룹 원예치료 장면에서 대상자들의 사회적 상호작용에 대한 관찰을 하여 상호작용의 행동의 빈도를 측정하려 하는 경우, 사회적 상호작용의 행동을 구체적으로 어떤 행동으로 볼 것인지에 대한 정의가 내려지는 단계로서 옆에서 같이 활동하고 있는 사람과 눈맞춤을 한 행동을 사회적 상호작용의 행동이라고 정할 수 있다.

④ 관찰 대상자 선정

그룹 활동의 경우 모든 참여자를 관찰할 것인지, 혹은 그중 한 개인만을 관찰할 것인지를 선정한다.

⑤ 관찰 시기 및 장소 결정

원예치료가 이루어지는 시간 중 어떤 시점에서 관찰을 할 것인지, 혹은 전체 활동 기간 내내 할 것인지 등에 대한 결정이 이루어지는 단계이다.

⑥ 관찰 방법 결정

관찰의 기록 방법은 어떠한 식으로 할 것인지, 관찰 할 행동에 대한 표본 추출은 어떻게 할 것인지에 대한 결정이 이루어지는 단계이다.

(3) 관찰 기록 방법

① 설화적 기술법(narrative description)

관찰 장면에 포함된 것 모두를 기술하는 방식으로 행동과 대화가 이루어진 상황에 대한 맥락이 파악될 수 있는 장점이 있다.

② 일기작성법(diary description)

정기적으로 관찰 내용을 기술하는 방식으로 특정 목적을 갖고, 내용을 선택적으로 선정하여 작성하는 방식이다. 이 방식은 대상자와의 밀접한 관계를 지니고 작성되는 방식으로 관찰 표본의 대표성이 문제가 될 수 있으며, 대상자와의 관계로 인해 관찰자의 편향성이 문제될 수 있다.

③ 일화기록법(anecdotal records)

예상치 못한 상황 등의 특정 상황과 장면 속에서 관찰 내용을 서술하는 방식으로 이 방식 또한 표본의 대표성이나 관찰자의 편향성이 개입될 수 있다. 이 방법은 상황에 대한 서술과 함께 그것에 대한 의견이나 견해를 함께 기술하는 방식이다.

④ **행동 발생 빈도 기록과 지속시간 기록법**(behavioral frequency counts & duration records)

관찰 계획이 이루어지는 단계에서 행동의 빈도에 있어서 기준선을 파악하고, 행동에 대한 분류의 논리적 체계를 갖고 행동에 대한 정의가 내려져야 한다. 이 방법은 쉽고 단순하지만 행동에 대한 세부 사항이나 행동이 이루어진 상황적 맥락에 대한 정보가 내포되어 있지 않기 때문에 해석할 때 어려움이 있을 수 있다. 또한 행동의 빈도 기록이나 지속시간 기록은 기록된 결과물의 대표성에 문제가 제기될 수 있다.

⑤ **점검목록표와 평정표**(behavioral checklists & rating scales)

행동에 대한 체계적인 목록표나 평정표에 의해 관찰 결과가 기록되는 방식으로서 효과적이고 사용이 간편하며 시간이 절약될 수 있다. 그러나 세부사항과 맥락의 파악이 힘들며 객관성과 신뢰성에 문제가 될 수 있다. 따라서 관찰자간 신뢰도와 관찰자내 신뢰도에 대한 검토가 필요한 방식이다. 관찰자간 신뢰도란 여러 관찰자들이 관찰한 결과들에서 어느 정도의 일치를 보이는가에 대한 검증 결과이고, 관찰자내 신뢰도란 한 관찰자가 같은 상황에 대한 여러 번의 평정에서 어느 정도 일관성을 보이는가에 대한 검증 결과를 뜻한다.

(4) 행동 표본 추출 방법

대표적인 행동의 표집을 위한 방법으로, 관찰된 결과가 한 개인의 지속적인 행동 가운데 얼마나 대표성을 지니는가를 결정짓는 방식이 된다. 또한 단일 관찰의 결과는 편중된 결과를 보여주기 쉬우므로 같은 방식으로의 여러 번 관찰은 결과를 더욱 객관적으로 만들어 줄 수 있다.

① **시간 표집법**(time sampling)

일정한 시간 간격을 두고 일정한 시간 동안 일어난 행동을 관찰하는 표집 방식으로, 예를 들면 원예치료의 각 회기 내에서 시작으로부터 매 15분마다 1분씩 관찰을 하는 방식을 말한다. 혹은 매 활동 회기마다 회기를 마치며 서로 대화를 하는 시간이 정해져 있다면 이 시간 동안 관찰을 하는 방식을 사용할 수 있다.

② **사건 표집법**(event sampling)

연구자가 관심이 있는 사건만을 표집하는 방식으로 사건이 자주 발생하는 경우 그 사건이 일어나는 상황 중에서 세 번에 한 번씩 관찰을 하는 방식을 말한다.

2) 질적 연구

질적 연구(Qualitative Research)가 사용되는 영역은 여러 학문 분야 중에서 특히 사회학이나 문화인류학, 민족지학 등에서 사용되는데 인간 생태학(Human Ecology)으로 종합될 수 있는 학문 분야들에서 많이 사용된다(Bogdan & Biklen, 1982). 인간 생태학은 다양한 환경 속에서 인간이 어떻게 행동하는지에 대한 연구가 이루어지는 학문 분야를 지칭하는 것으로 원예치료에서 보자면, 치료의 장면에서 이루어지는 대상자와 치료사의 행동 방식에 대한 연구에서 사용될 수 있는 것이다.

(1) 질적 연구의 절차

질적 연구의 절차도 마찬가지로 앞에서 언급한 '과학적 연구 방법'에서의 절차를 그대로 사용하며, 약간의 다른 용어로 기술되기도 한다.

① 연구 문제 선정

② 준비(preparation)

연구 문제에 대한 확인이 이루어진 후에 준비 단계에서는 질적 자료의 수집 방법이나 구체적인 상황에 대한 고려, 자료가 수집된 후의 분석 방식 등에 대한 고려가 총체적으로 이루어지는 단계이다.

③ 발견(Discovery) - 자료의 수집(data collection)

④ 해석(Interpretation) - 자료의 분석(data analysis)

수집된 자료에 대한 분석으로 연구 주제에 따라 다양한 방식으로 분석될 수 있으며, 다양한 각도에서의 결과물들이 산출될 수 있다.

⑤ 설명(Explanation) - 보고서 작성(report writing)

(2) 자료의 수집 방법

① 참여 관찰법

연구가 이루어지는 장면에 직접적으로 참여하여 관찰하는 방식을 말한다.

② 면접(In-depth Interview)

한 대상에 대한 심층적인 면접을 통해 자료를 수집할 수 있다.

③ **형식적이고 구조화된 사료의 사용**

공식적으로 나와 있는 사료들을 통해 자료를 수집할 수 있다. 예를 들면 과거 병력이나 현재의 상태에 대한 의료 기록을 통해 도출된 자료가 그것이다.

(3) 관찰의 기록

질적 연구에서의 관찰 기록은 모두 서술형으로 기록되며, 서술되는 사항들의 성격이나 요소들에 따라 네 가지의 방식이 있다. 이러한 관찰 기록을 토대로 결과 보고를 하는 것에는 상당한 시간과 노력이 요구되는 단계인데, 각각의 기록 방식은 이론의 초기 연구 단계에서는 상당히 큰 기여를 할 수 있는 기초 자료가 된다.

① **현장 메모**[15](field jottings)

일정 기간동안 수집한 현장 자료의 요약을 말하는 것으로 현장 노트의 근거가 되는 관찰 기록 방식이다.

② **현장 노트**(field notes)

녹음한 내용이나 문서, 관찰자가 기록한 다른 자료들(현장 메모) 등을 부가적으로 사용하여 관찰한 장면에 대한 상세한 기술을 하는 방식이다.

③ **현장 일기**(field diary)

참여 관찰자가 관찰한 상황에 대한 느낀 점 등을 기록한 개인적 연대기 방식의 관찰 기록법이다.

---

15) 메모: 분석, 생각, 해석, 질문, 앞으로 자료수집에 대한 지시를 담은 연구자의 기록.

④ **현장 일지**(field log)

항해 일지나 치료 일지처럼 매일 일어나는 사건들의 연대기와 연결된 기록 방법을 말한다. 이 방식은 일기와 혼합하여 사용될 수 있는 방식이나 현장일지의 경우는 객관적인 사건들의 기술이 중요하다.

3) 실험 연구

실험 연구법은 연구를 수행함에 있어서 과학적 방법을 활용하는 가장 기본적인 방식으로, 모든 연구에서 널리 사용되고 받아들여지는 방법이다. 실험 연구의 가장 큰 목적은 연구 대상이 되는 요소들의 인과적 관계에 대한 증명이 된다. 어떤 변수가 다른 변수에 영향을 미쳐 변화를 이끌어낸다는 일련의 인과적 설명은, 실험 연구에서 변수의 지정과 이를 검증하는 설계 기법을 통해 도출된 결과에 의해 지지될 수 있으며, 다른 연구 방법들보다 지지 기반이 명확하다 할 수 있다(송인섭, 1997).

실험 연구의 설계는 연구 가설의 설정이 이루어진 후, 그 가설을 검증하기 위한 변수의 규명에서 시작된다. 변수의 규정은 독립변수와 종속변수를 선택하고 명료화하는 것을 말하는데, 독립변수란 연구자에 의해 조작(처치)되는 변수를 말하고 종속변수는 독립변수의 영향을 받아 변화하리라 예상되는 변수를 말한다. 예를 들어, 성인의 Ego에 미치는 원예치료의 효과를 알아본 연구에서 가설은 원예치료가 성인 대상자의 자신감을 향상시킬 것으로 설정하였다. 여기에서 규정된 독립변수는 원예치료 실시라는 처치 조건이 되고, 이에 따라 변화하는 종속변수는 성인 대상자의 자신감으로 규정하고 이를 실험 연구를 위한 변수의 명료화를 거쳐 성인의 에고(ego)에 대한 측정치로 설정하였다. 즉, 독립변인은 연구자가 실제적으로 어떤 변화를 주거나, 처치를 가하는 변수를 지칭하는 것이고, 종속변수는 가설을 지지하기 위해 연구자가 측정하는 변수를 말한다.

변수가 규정된 후 실험 절차의 설계에 앞서서 연구자가 실험 연구법을 사용하는 데 고려해야 할 중요한 문제는 외적 타당도와 내적 타당도이다. 실험의 내적 타당도란 실험에서 종속변수를 통해 얻어진 결과를 독립변수만의 영향이라고 설명할 수 있다는 조건을 말한다. 즉, 실험 조건에서 독립변수가 아닌 다른 변수들이 종속변수의 변화에 영향을 미치지 않아야만, 독립변수와 종속변수의 인과적 관계가 명료해 지는데, 이에 대한 기본 바탕을 제공해 주는 것이 내적 타당도이다. 외적 타당도는 연구 결과의 일반화 가능성 정도를 말하는 것으로, 실험 연구에서 얻어진 결과를 다른 실험 조건이나 대상자, 그리고 "현실 세계"의 상황으로 확장시켜 결과를 해석할 수 있는가의 여부를 결정하는 측면이다. 실험연구에서 가장 이상적인 접근은 실험 설계의 내적 타당도와 외적 타당도가 극대화될 때이다.

변수의 규정과 내적 · 외적 타당도에 대한 고려를 통해 설정되는 것이 실험 절차의 설계이다. 여기에는 크게 두 가지의 실험 설계가 있는데, 유사 실험 설계와 순수 실험 설계가 그것이다. 이는 내적 타당도와 외적 타당도의 보장이 이상적으로 이루어질 수 있는가의 여부에 따라 구분되는 방식으로, 종속변수에 영향을 미칠 것으로 예견되는 독립변수 이외의 변수들에 대한 통제가 철저히 이루어졌는지의 여부에 따라, 그리고 실험의 일반화를 뒷받침해 줄 수 있는 요소들의 만족 여부에 따라 구분한다. 순수 실험 설계는 가장 이상적인 조건을 갖춘 경우에 설계되는 방식으로 피험자의 무선적 표집(random sampling) 및 집단 배정이 이루어진 경우를 말하고, 유사 실험 설계는 이상적 조건을 충족시키지 못한 설계를 말한다. 즉, 순수 실험 설계의 방식은 연구자에 의한 통제가 철저히 이루어질 수 있는 연구에서 사용하는 방식이고, 이러한 통제 조건들이 이상적으로 충족되지 못한 연구에서의 설계 접근이 유사 실험 설계이다(손정락, 2000 ; 송인섭, 1997).

① 순수 실험 설계

연구에 참여하는 피험자들 모두가 실험집단(독립변수 조작 조건)과 통제집단(독립변수 비조작 조건)으로 배정될 확률이 동일한 경우, 즉 집단 배정의 무선화가 이루어진 설계로서, 실제로 연구자에 의한 처치(X)의 영향을 받는 실험 집단과 이러한 처치(X)의 영향을 받지 않은 통제집단의 어떤 특별한 활동을 비교하는 것을 말한다.

• 전후검사 설계

순수 실험 설계의 가장 기본적인 설계 방식은 전후검사 설계로 실험 집단과 통제 집단의 처치 전후 검사를 비교하는 방식이다. 이를 도식화하면 다음과 같다.

R	O_1	X	O_2
R	O_3		O_4

• 솔로몬 4집단 설계

전후검사 설계에서 충족되지 못하는 외적 타당도를 높이기 위해 만들어진 설계 방식으로 전후설계 방법의 사전검사 실시가 실험 결과의 일반화를 저해하는 요인으로 작용할 수 있는 것을 보완한 설계이다. 사전 검사와 처치간의 상호작용, 그리고 사전검사와 사후검사의 상호작용 등을 규명할 수 있는 좀 더 복잡한 형식의 설계로 다음과 같은 방식으로 진행된다.

R	O_1	X	O_2
R	O_3		O_4
R		X	O_5
R			O_6

• 사후검사 통제군 설계

임상현장에서 실험 연구를 할 때 반드시 사전검사를 할 필요는 없는데, 무선화의 방식을 통한 피험자의 집단 할당은 실험집단과 통제집단을 동질화를 만족시켜 주기 때문이다. 즉, 사전검사가 없더라도 기본적으로 무선화를 통한 피험자의 집단 할당은 실험집단과 통제집단이 같은 성질을 지녔다고 가정을 해 주기 때문에 사전검사를 통한 동질화 검증이 필요 없게 된다.

R	X	O_1
R		O_2

② 유사실험 설계

임상이라는 상황의 특수성으로 인해 윤리적으로나 다른 피험자 선정의 제약 등의 이유로 대부분의 원예치료 연구에서 사용될 수 있는 실험 설계의 방식은 유사실험 설계이다. 예를 들어, 자폐 아동을 위한 원예치료의 치료 성과 연구를 설계함에 있어서 실제적으로 치료를 받을 집단과 받지 않을 집단의 선정에는 무선화의 방식으로 할당에 윤리적 문제가 발생 할 수 있다. 이러한 많은 경우 접근이 가능한 집단에 한정하여 실험을 설계하거나 단일 집단의 전후검사 등의 방식을 사용하게 되는데, 이 방식이 유사실험 설계이다.

• 단일집단 전후검사 설계

보통 한 집단에 대한 처치 전후의 검사 결과를 비교하는 방법으로, 치료 전후의 종속변수 변화를 비교하는 방식의 설계를 말한다. 이 설계의 단점은 실험의 내적 타당도를 위협하는 여러 외재변수들이 혼입되어 분리시키기 어려운 경우가 많아 인과적 설명에 타당성을 뒷받침해주는 논리적 기반이 약한 실험 설계의 방식이다.

O_1	X	O_2

• 이질집단 사후검사 설계

이 설계는 실험 처치 변수의 효과를 분명히 하기 위한 목적으로 처치 변수를 투입한 집단과 처치 변수를 경험하지 못한 집단을 비교하는 설계이다. 이 설계 방식이 순수 실험 설계의 사후검사 통제군 설계와 다른 점은 사후 검사 통제군 설계의 경우 두 집단이 동질적이라는 기본 가정 하에 사후 검사에 대한 비교가 이루어지나, 이 설계의 경우에는 비교를 하는 두 집단의 동질성을 보장해 주는 근거가 미약하다는 것이다.

X	O_1
	O_2

위와 같은 실험 설계의 방식은 다른 연구법들을 포괄하는 큰 틀을 제공해 줄 수 있는 방식이기도 하다. 즉, 실험 설계의 틀 안에서 관찰법이나 면접법 등을 사용하여 집단간의 비교, 혹은 시차에서의 비교를 하는 자료로 사용할 수 있는 것이다. 따라서 연구자는 연구 틀의 설정에서 실험법의 틀을 고려하여 여러 방식의 혼합을 통해 더 풍부

한 연구를 진행 시킬 수 있을 것이다.

4) 단일사례 연구법

단일사례 설계 방법은 사례연구와 실험 연구를 혼합한 방식의 연구 방법이다. 이 설계에서는 실험법의 논리적, 과학적 기초를 제공해 주면서, 다른 한편으로 임상의 장면에서 많이 접하게 되는 단일 대상자를 대상으로 한 치료 성과연구 결과의 도출에 유용한 방법이다. 즉, 대상자 스스로가 자신의 통제집단이 될 수 있기 때문에 논리적이고 과학적인 실험법의 요건을 충족시키게 된다. 대부분의 단일사례법은 시계열 방법론(time-series methodology)을 사용하는데, 이것은 시간에 따라서 동일한 사람을 대상으로 일련의 측정이나 평가 방법을 수행하여 결과를 검증하는 방식이다(Kerlinger, 1986). 엄격한 실험법에서의 분리된 통제집단이나 통제피험자의 실제적 존재가 필요하지 않는 이 방법은 대상이 되는 한 개인의 기저선 단계 동안의 평가 혹은 측정 결과가 치료적 개입이 주어지는 동안, 그리고 그 후의 결과와 비교가 된다.

가장 흔하게 사용되는 시계열 방법론의 설계는 ABAB설계로 원예치료에 들어가기 전 기저선 단계(A)와 치료가 실시되는 단계(B), 그리고 다시 치료가 실시되지 않는 단계(A), 그리고 다시 치료적 개입이 주어지는 단계(B)에서 동일한 방식으로 측정 및 평가 결과가 도출되고 비교되는 방식이다(이영호, 2001). 예를 들어 설명을 하면, 공격적 행동을 보이는 행동 장애 아동을 대상으로 한 원예치료의 적용에 있어서, 아동의 평가를 위해 계획된 ABAB설계 추적 행동을 동료 아동에게 가하는 폭력적 행동(때리기, 밀치기, 꼬집기 등)이라고 정하고, 원예치료의 목적을 폭력 행동의 감소라고 잡았다고 가정해 보면 이 연구에 대한 자료 수집의 시작은 원예치료가 그 아동을 대상으로 실행되기 전, 2, 3일 혹은 일주일 정도의 시간동안 그 아동의 폭력행동의 빈도를 측정한다. 그리고 원예치료가 실시되는 회기 내에서 폭력행동의 빈도를 측정하고, 다시 원예치료가 실시되지 않는 시간동안의 폭력 행동의 빈도 측정이라는 순서로 반복하여 결과 자료를 수집하는 방식이다. 원예치료가 실행되기 전에 조사된 아동의 폭력 행동은 그 아동의 기저선이 되는 것이며, 원예치료 회기 내에서의 폭력 행동의 빈도는 이 기저선과의 비교를 통해 치료 성과 연구의 결과 자료로 분석될 수 있을 것이다.

5) 면접법

면접법(interview)은 실제적으로 한 연구의 틀로서 사용할 수 있는 완결된 연구 방법은 아니지만, 연구들을 진행함에 있어서 유용한 자료 수집의 방식이 될 수 있으므로, 이를 연구 방법에서 설명을 하려한다. 면접법의 종류에는 크게 구조화된 면접(structured interview)와 비구조화된 면접(unstructured interview)이 있다(Isasc, 1977).

구조화된 면접의 경우에는 면접상황에서의 질문의 내용이 구조적으로 확립된 방식을 말하는데, 어떤 내용의 질문을 어떤 형식으로 할 것인가에 대한 구체적인 설정이 있으며, 예상 반응에 따라 다음 질문의 순서 또한 체계적으로 결정된 상태에서 면접을 실시하는 것을 말한다. 이와는 달리 비구조화된 면접의 방법은 면접의 질문이 정해지지 않은 상태에서 질문에 대한 대상자의 대답에 따라 다음 질문이 유동적으로 변하는 방식으로서, 이 방법은 상당히 전문적으로 훈련되고 해당 분야에서의 충분한 지식이 있는 사람들이 사용하는 방식이다. 익숙지 못한 면접관인 경우에는 면접의 결과물이 연구에 도움이 되지 않은 자료가 나올 수 있는데, 질문의 방향에 대한 어떠한 지침도 나와 있지 않기 때문이다. 그러나 이 방법의 장점은 대상자의 대답에 따라 추가적인 정보를 구하는 질문이 가능한 것이다. 이러한 두 방법의 차이점과 장점, 단점들을 보완하기 위해 일반적으로는 준구조화 면접(semi-structured interview)방식을 사용하게 되는데, 면접에 들어가기 전 대충의 큰 틀을 미리 설정하고, 그 질문들에 따른 대답에서 필요에 의한 추가 질문과 함께, 융통성 있게 질문을 할 수 있는 방식을 말한다. 이러한 경우 면접에서 나오게 되는 질문들의 체계와 함께 유연한 질문이 같이 이루어질 수 있으므로 많은 경우 이 방식을 사용한다.

제2부

원예치료의 적용

제7장

원예치료 프로그래밍

1. 원예치료 적용 과정

실제 치료에서 원예치료를 실시할 때에는, 일련의 순서를 거치며 나아가게 되는데, 이를 도식화하면 다음과 같다.

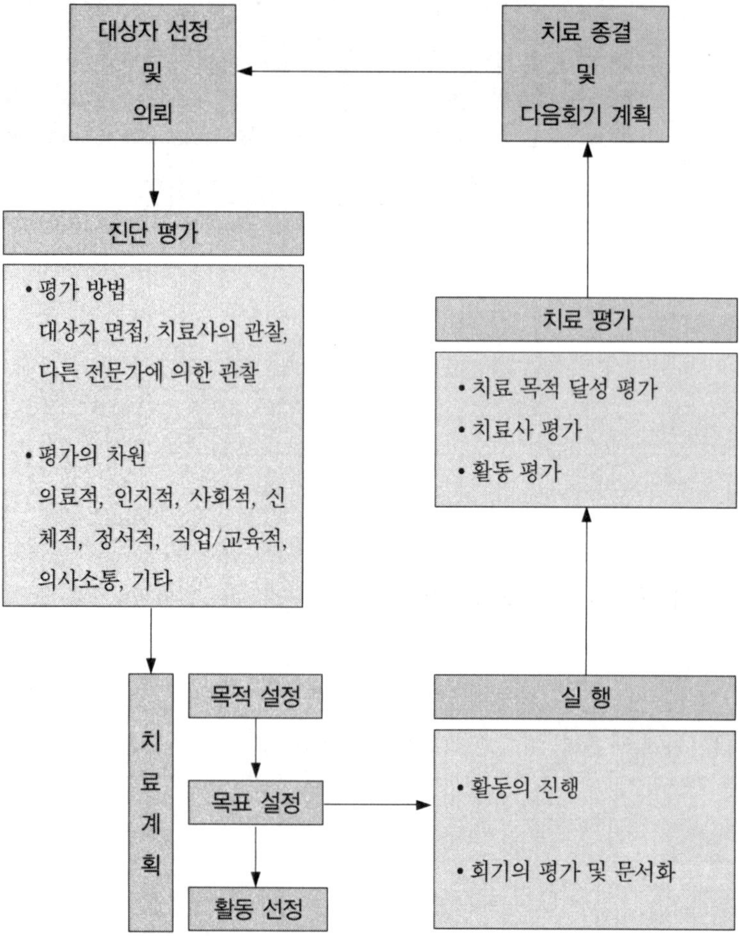
대상자 선정
및
의뢰
치료 종결
및
다음회기 계획
진단 평가
• 평가 방법
대상자 면접, 치료사의 관찰, 다른 전문가에 의한 관찰
• 평가의 차원
의료적, 인지적, 사회적, 신체적, 정서적, 직업/교육적, 의사소통, 기타
치료 평가
• 치료 목적 달성 평가
• 치료사 평가
• 활동 평가
치료계획
목적 설정
목표 설정
활동 선정
실 행
• 활동의 진행
• 회기의 평가 및 문서화

원예치료 적용 과정 도식

1) 대상자 선정 및 진단 평가

(1) 의뢰 혹은 대상자의 선정

원예치료의 시작점은 치료적인 개입이 요구되는 개인이 원예치료사에게 혹은 다른 의료 기관이나 전문 기관에게 도움을 의뢰하는 것이 될 수 있다. 혹은 전문적인 의료진에 의해 대상자로 하여금 원예치료에 참여하도록 권고되기도 하며, 원예치료사에 의해 대상자가 선정될 수도 있다. 이와 같이 다양한 방식에서 연결되는 대상자와 원예치료사의 만남은 원예치료가 시작됨을 알리는 첫 번째 단계이며, 원예치료사는 이 만남을 통해 자신의 전문성을 바탕으로 다음의 단계들을 밟아 나가며, 대상자가 치료적 효과를 얻을 수 있도록 설계해 나가야 한다.

(2) 진단 평가

원예치료 적용 과정에서 두 번째 단계는, 대상자에 대한 진단 평가가 이루어지는 단계로서, 이 과정을 통해 대상자의 과거 병력, 현재의 상태 전반에 대한 이해를 얻을 수 있다. 또한 진단 평가의 결과는 원예치료에서의 치료 목적을 설정하고, 기간을 추산하며, 활동을 계획하는 것에 이용되는 중요한 기초 자료가 된다. 따라서 이 과정은 치료가 실제적으로 실행되기 전에 완결되어야 하는 단계이다.

진단 평가를 실시하는 중요한 이유로는 첫째, 진단 평가를 통해 얻어진 정보는 특정 대상자를 위한 원예치료의 방향 및 범위를 결정하는 것에 결정적인 도움이 되기 때문이다. 이것은 단지 참고 자료로서의 기능을 담당하는 것이 아니라, 이 단계에서의 정보 자체가 원예치료가 나아가야 할 방향의 설정에 중요한 지침이 되며, 이는 대상자에게 적용되는 원예치료의 장기적인 목적과 단기적인 목표들의 설정과 원예치료의 실시 기간 등의 설정에 있어서 바탕이 되는 자료가 된다. 두 번째의 이유는 원예치료가 이루어지는 기간 중에 일어난 대상자의 변화를 볼 수 있는 근거 자료가 된다. 즉, 원예치료를 통해 대상자가 원예치료사에 의해 설계된 단기적인 목표에 도달하였는지의 여부와 장기적인 목적의 성취 여부나 정도를 볼 수 있는 비교 근거로서 이용할 수 있다. 원예치료가 효과적이었는지 여부에 대한 확인은 추후 이루어질 다음 단계의 원예치료를 위해 중요한 자료가 된다. 세 번째 전문성을 위한 기본이 되는 과정이기 때문이다. 전문적인 치료로서의 원예치료를 확립시키기 위해선 치료의 성과 평가에 대한 선행 평가와 치료 종결 후의 평가가 필수적으로 보고되어야 하는데, 전문성의 확립과 확고한 근거 자료를 위해선 정확한 진단평가가 요구되기 때문이다.

이와 같은 진단 평가는 평가가 이루어지는 방식에 따라 두 가지의 유형으로 나누어 볼 수 있는데, 하나는 대상자가 보이는 현재 상태에서의 문제점이나 기능적 제한점, 그리고 생활에서의 취약점 등에 대한 기술과 고려를 통해 치료 계획을 세워나가는 처방식의 구성이다. 여기에는 대상자의 요구나 의견 등이 반영되지 않고, 전적으로 치료사나 평가 전문가들에 의해 평가된 내용을 토대로 치료 계획이 세워지도록 평가를 구성하는 방식이다. 이와는 달리 대상자의 욕구중심의 구성은 대상자의 흥미나 관심, 가치관, 자신에 대한 태도, 타인에 대한 태도 등을 치료 계획에 반영하도록 평가를 구성하는 방식이다. 따라서 평가가 이루어질 때 주요 사항은 각각의 사항들에 있어서의 대상자이다. 대상자가 어떤 흥미를 지니고 있는지, 어떤 이득을 얻길 원하는지 등에 대한 내용들이 중심이 된다. 지금까지의 진단 평가에서는 이와 같은 서로 다른 목적을 지닌 평가 구성에 대한 고려가 되지 않았으나, 앞으로는 두 방식에 의한 구체적인 자료산출의 토대 마련이 필요하다. 그리고 위의 두 가지 접근 방식의 절충이 필요한데, 이것은 전문적인 원예치료사나 평가 전문가들의 전문적 평가 기준에 의한 진단과 더불어 대상자가 원하고, 희망하는 부분에 대한 평가를 결합시켜 구성하는 방식으로, 더욱 효과적인 치료 계획에 도움이 될 것으로 보인다.

① 평가의 차원

진단 평가에서는 대상자에 대한 여러 차원의 접근과 평가가 이루어져야 한다. 이것은 원예치료가 특정한 차원에 작용하여 치료적 효과를 이끌어내는 단편적인 치료가 아니라 전인적 치료가 이루어질 수 있는 훌륭한 치료로, 이러한 원예치료의 특성을 활용하기 위해서는 대상자에 대한 여러 차원의 접근이 필요한 것이다. 각각의 차원에 대한 평가는 원예치료사뿐만 아니라 각 분야의 전문가들이 함께 평가에 참여하는 것이 가장 바람직하며, 다방면의 연계 속에서 이루어진 분야의 장점을 잘 보여주는 부분이 될 수 있다.

• 의료적 차원

대상자의 과거 병력과 현재의 상태에 대한 평가가 이루어지는 차원으로, 여기에는 대상자의 신체적, 정신적 질병에 대한 과거력과 현재의 기능 수준을 담고 있는 평가 내용을 말한다. 원예활동을 하는데 필요한 각종 신체 상태의 정보, 예를 들면 알레르기 반응을 보이는 식물이나 음식에 대한 정보 등을 포함시킬 수 있다. 또한 대상자의 정신과적 질병에 대한 진단 내용도 포함이 되어야 한다.

• 인지적 차원

대상자가 인지적으로 어느 정도의 기능 수준을 보이는지에 대한 심층적인 평가 결과를 도출하는 차원을 말한다. 여기에는 정보 처리의 과정에 대한 분석이 이루어질 수 있는데, 예를 들면 집중력, 기억력, 문제 해결력에 대한 평가가 그것이며, 이와 더불어 이해력의 정도, 주의 집중의 지속 정도에 대한 평가 등도 포함될 수 있다.

• 사회적 차원

평가의 대상자가 사회적인 상호작용에 있어서 어느 정도의 기능 수준을 보이는지, 사회적 기술의 사용에 있어서의 특징은 무엇인지 등에 대한 내용을 포함하는 차원을 말한다. 여기에는 자기표현, 자기 통제, 상호 교류의 질적, 양적 평가 등이 포함될 수 있다.

• 신체적 차원

대상자의 신체적 기능 수준에 대한 평가로서, 움직임이 가능한 범위, 대근육 및 소근육의 사용 정도 및 협응 정도, 체력, 지구력 등이 평가 대상이 될 수 있다.

• 정서적 차원

대상자가 느끼는 정서의 특징을 살펴보는 차원으로, 표현되는 정서가 적절한지의 여부를 포함하여 상황에 따른 정서 반응이 어떤 특징을 보이는지, 그리고 표현되지 않지만 스스로 자각하는 정서가 어떤 것이며, 이를 표현하는 정도와의 차이가 어떠한지 등을 평가하는 차원이다.

• 직업적/교육적 차원

대상자의 교육 수준, 직업 정보 등을 포함하여, 현재의 직업 혹은 미래의 직업을 위한 준비 정도나 수행 정도에 대한 평가를 포함시킬 수 있다. 아동과 청소년의 경우에는 학습 수준에 대한 정보가 여기에 해당될 수 있다.

• 의사소통 차원

대상자의 언어에 대한 수용 및 이해력의 정도와 표현할 수 있는 언어, 그리고 언어적 표현의 정도와 그 적절성 등이 평가되는 차원으로, 원예치료사와의 치료 실행 과정에서 언어적 의사소통이 많은 부분을 차지할 수 있기 때문에, 이에 대한 상세한 평가로 적절한 의사표현 및 상호작용에 대비하는 것에 중요한 기초 자료가 된다.

• 기타

여기에서는 가족 사항, 오락 및 여가 선용의 기술, 원예적 지식, 선호 식물이나 원예활동 등에 대한 정보를 담을 수 있다. 가족 관계나 가족의 역학 관계에 대한 정보, 대상자의 여가 선용 방법 및 정도, 원예 경험의 유무 등 다양한 추가적 내용이 포함될 수 있다.

② 평가의 도구

지금까지 실시되어 온 원예치료에서 진단 평가를 위한 평가의 도구는 체계적인 성립이 미흡한 실정인데, 실제적이고 구체적인 평가 도구의 개발이 아직까지 이루어지지 않고 있기 때문이다. 그러나 현장에서 사용할 수 있는 평가 도구의 예로는 캐나다에서 활동 중인 원예치료사 Hewson(1994)이 개발하여 주로 정신과에서 사용한 진단 평가서가 있다. 이 평가서는 먼저 신체적 활동을 제공해서 대상자의 능력과 기초 이해력을 평가하는 시험 도구로 사용될 수 있다. 최상의 결과를 얻기 위해서는, 한 작업을 여러 개의 단계로 나누어서 대상자가 몇 단계의 과정을 성취하는지 판단할 수 있으며 치료사는 쉬운 식물의 이름을 사용하고, 실제 기술을 직접 해 보인다. 먼저 그 방법의 시

범을 보인 후 대상자들이 스스로 그 과정을 반복하도록 한다. 어떤 단계까지 보조 없이 실행할 수 있는지 파악할 때까지 이 과정을 반복한다. 만일 작업이 대상자의 능력을 벗어나는 것이면, 보조를 받고 실행할 수 있는 단계의 과정이 무엇인지 결정한다. 이 평가는 다음과 같은 일부의 예시로서 소개한다.

■ 인지기능

대상자가 시간과 공간을 이해하는가? 이것은 대상자의 정신 기능 상태를 결정하는 데 도움을 준다. 방향감각 상실, 인식 부족 혹은 착란

■ 신체적 기능

대상자가 이 작업을 수행하는 능력을 방해할 만한 어떤 신체적 문제가 있는가? 신체 평가는 대상자의 신체적 기능에 있어서 약점을 인식하는 데 지표가 된다. 작업의 실행과 같은 운동 기능 작용을 좌우 양측에서, 혹은 좌우편 손의 기능을 관찰한다. 대상자가 도구와 물건들을 꽉 잡을 수 있는지 결정한다.

■ 행동 기능

이 활동에 대한 대상자의 태도는 어떠한가? 활동에 대한 대상자의 행동과 지각은 그가 어떻게 효과적으로 작업을 수행하는지를 보여줄 것이다.

■ 사회화 기능

언어나 문화적 장해가 있는가? 대상자와 효과적으로 대화를 하기 위해서는 그들의 언어와 문화를 이해해야 한다. 만일 문제가 있다면, 때때로 그들이 사용하는 언어를 할 수 있는 자원봉사자를 데리고 들어가 돕도록 한다.

Hewson(1994)이 개발하여 사용한 진단 평가서의 경우는 실제적으로 치료가 이루어지는 각각의 회기에서 사용될 수 있는 평가 항목들을 포함하고 있다. 그러나 이 평가 도구를 사전 평가 시 사용할 경

우, 별도의 평가 회기를 만들어 그 평가 회기 중의 관찰에 의한 평가로 사용을 한다면, 보다 효과적이고 그 대상자에 적합한 원예치료의 계획이 이루어질 수 있을 것이다. 이러한 도구를 참고하여 앞으로의 진단 평가는 더욱 체계 잡힌 틀을 마련해야 할 것이다.

그리고 이와 더불어 진단 평가의 틀을 성립하는 중요한 요소는 민감도(sensitivity), 타당도(validity), 신뢰도(reliability)의 검증이다(이영호, 2001; Robert & David, 1991). 대상자를 평가하는 도구의 민감도는 평가하고자 하는 표적 행동이 실제적으로 나타나는 차이를 평가도구 또한 나타내는지에 대한 정도를 말한다. 즉, 평가 도구에 의해 도출된 자료가 실제에서의 차이나 변화 등을 민감하게 반영할 수 있는가에 대한 검증이 필요함을 말한다. 다음으로 신뢰도란 평가 도구가 표적 하는 평가 행동이 있다면 그 행동이 실제적으로 동일할 때 평가의 결과 또한 일관성 있게 나타나는가를 보여주는 정도이다. 즉, 어떤 검사가 표적으로 삼는 행동이나 심리적 특성 등을 측정할 때의 일관성을 의미하는 것으로, 신뢰도가 있다는 것은 평가 도구가 특정 행동이나 심리적 특성, 정서적 상태 등에 대해 매번 동일한 방식으로 측정 결과가 도출되어야 함을 의미한다. 마지막으로 타당도는 평가 도구가 표적하는 행동을 실제적으로 반영하는가의 정도를 나타내는 요소이다. 만약 대상자의 정서적 상태 중에서 우울감에 대한 평가를 하려는 도구에서 타당도가 높다는 검증이 이루어졌다면, 이 검사 점수는 대상자의 우울감 정도를 잘 나타내 주는 결과라고 해석할 수 있게 된다. 반면에 타당도가 낮은 검사라는 검증 결과가 도출된다면, 이 검사의 점수는 대상자의 우울감 정도를 나타낸다고 해석할 수 없는 것이다.

2) 치료 계획

대상자의 선정 및 진단 평가의 단계가 종결된 다음에는 대상자에 대한 치료 계획의 단계를 거쳐야 한다. 치료 계획은 진단 평가의 결과물에 대한 전문적인 분석과 목적의 설정이 핵심을 이루는데, 원예치료사는 평가의 결과와 원예의 핵심을 연결시키는 역할에 중점을 두어야 할 것이다. 즉, 식물과 사람의 생명 요소들을 결합하는 원예치료의 중심핵을 실제적으로 구현하는 단계가 바로 치료 계획의 단계이다. 대상자에 대한 진단 평가의 결과로부터 도출된 사항들과 원예 활동의 특성, 그리고 식물의 생명 요소들을 적절히 연관지어 치료에 대한 방향의 설정과 구체적인 목적, 그리고 활동의 선정이 순차적으로 이루어져야 한다.

효과적인 치료가 이루어지기 위해서는 하나의 명확한 목적이 제시되어야 하며, 이 목적을 향해 접근해가는 단계적인 혹은 구체적인 목표들의 수립이 필요하고 이에 적합한 원예활동, 식물의 선정이 뒤를 이어야 한다. 이 과정들은 선행 과정에서 도출된 결과의 범위 내에서 유기적으로 연관이 되는 관계의 도출이 이루어져야 하는 것으로, 다음의 다섯 개의 과정으로 나누어 제시할 수 있다.

(1) 대상자와 원예에 대한 이해

진단 평가의 결과를 토대로 한 대상자에 대한 이해와 식물, 원예 활동에 대한 이해는 위에서 밝힌 바와 같이 독립적으로 고려되는 것이 아니라 서로 연결지어 이해되어야 한다. 대상자가 보이는 여러 문제들과 원인, 그리고 대상자의 욕구, 그리고 이것과 연결되는 식물의 생명 요소와 원예 활동들의 특성에 대한 통찰이 필요한 과정이다. 모든 적용 과정에서와 마찬가지로 여기에서 원예치료사의 전문성이 요구되어진다. 전문적인 경험과 관점, 그리고 다양한 지식들이 바탕이 되어 도출될 수 있는 부분이기 때문이다.

① 대상자에 대한 이해

대상자로 정의된 사람들에게서 보이는 일반적인 문제와 그것의 원인, 그리고 대상자 특정의 문제와 그것의 원인으로 판단되는 사항들에 대한 점검과 이해가 이루어지는 단계이다. 이는 치료 프로그램이 접근해야 할 부분에 대한 명료화를 위한 가장 기본적이고 핵심적인 과정으로서, 대상자에 대한 진단 평가 결과의 다양한 자료를 바탕으로 현재까지 밝혀진 선행 연구 결과들의 종합과 프로그램 구성자의 관점에 의한 결과의 해석이 요구된다. 다음의 제시한 예는 정신지체 청소년의 결손 영역과 원예치료 접근을 보여준다.

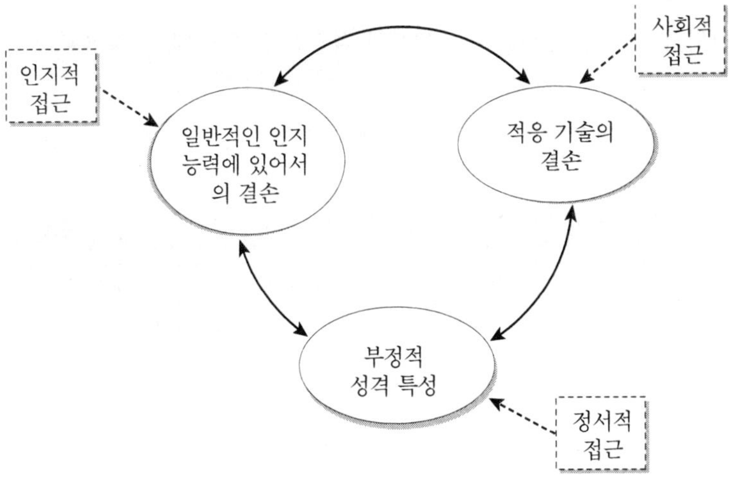

정신지체의 결손 영역과 연결되는 원예치료의 접근

② 원예에 대한 이해

원예치료 프로그램은 원예를 이용한 프로그램이기 때문에 원예에 대한 이해가 필수적이다. 여기에서는 원예의 일반적인 특징들에 대한 고찰을 넘어서, 구체적으로 대상자의 문제점과 원인, 그리고 그것에 대한 프로그램 개발자의 관점에 의한 해석과 연관되어 이해해 나가야 하는 단계이다. 즉, 원예의 다양한 특징들 중 프로그램의 적용 대상자에 대한 이해 결과와 연결될 수 있는, 그래서 치료적 접근이 가능한 원예의 특징들에 대한 고찰이 요구되는 것이다.

(2) 목적 영역의 선정과 세분화

이러한 두 영역에서의 이해와 연결을 통해 실행될 원예치료 프로그램의 목적 영역의 선정이 이루어진다. 또는 의뢰자의 요청에 의해서 미리 선정될 수도 있다. 프로그램의 목적 영역은 크게 인지적, 정서적, 사회적, 신체적 영역으로 구분하여 접근할 수 있는데, 프로그램의 응집성과 효과성을 위해 하나의 목적 영역으로의 접근이 요구된다.

큰 목적 영역의 선정이 이루어진 다음에는 다시 그 목적 영역에서

정신지체 청소년을 위한 원예치료 목적 영역의 세분화된 문제점

목적 영역	인지적 영역	정서적 영역	사회적 영역
세분화된 문제점들	• 자극에 주의 기울이기 • 단기기억 • 처리 속도 • 실행기능 • 언어 조절기능	• 실패에 대한 기대 • 통제소 • 자아개념 • 불안 • 동기화	• 지역사회 활용 • 건강과 안전 • 사회성 기술 • 자기 관리 기술 • 의사소통 • 직업기술 • 가정생활기술 • 기능적 학업기술

원예치료 프로그램이 접근할 수 있는 대상자의 문제를 세분화하여 접근해야 한다. 예를 들면, 정신지체 청소년에 대한 원예치료 프로그램의 목적 영역을 인지적 영역으로 정하였다면, 그 다음에는 대상자들이 보이는 다양한 인지적 영역에서의 문제점들 중 단기 기억의 한계에 한정하여 단기기억 향상을 위한 치료적 접근으로 프로그램의 방향과 범위를 한정시키는 단계이다.

이러한 목적의 세분화는 위에서 밝힌 바와 같이, 프로그램이 실행되었을 때 각 활동들의 명확한 방향 제시가 될 수 있을 뿐만 아니라, 프로그램이 응집성 있고, 효과를 잘 볼 수 있으며, 이것을 기준으로 대상자에 대한 평가가 효과적으로 이루어 질 수 있기 때문이다. 다음에 제시하는 예는 정신지체 청소년을 대상으로 했을 경우에 목적 영역의 세분화를 보여준다.

(3) 프로그램의 구체적 목적의 선정 및 평가 방법의 설정

이 단계에서는 위에서 설정한 목적 영역과 그에 따른 세분화된 프로그램의 목적을 토대로 원예를 어떤 방식으로 이용하여 목적을 이룰 수 있는지에 대한 구체적인 방향 제시가 이루어지는 단계이다. 이 단계에서 나오는 구체적 목적이 실제적으로 프로그램을 실행하는 것에서의 방법이 되는 것이다. 예를 들면, 위의 정신지체 청소년에 대한 원예치료 프로그램의 세분화된 목적이 단기기억 향상이라면, 다양한 식물들을 활용하여, 식물의 이름을 주제로 기억 방략법의 연습을 통한 단기 기억의 향상을 프로그램의 구체적 목적으로 설정할 수 있다.

즉, 이 단계에서의 목적은 단순히 무엇을 어떤 방향으로 개선시키겠다는 목적을 넘어서, 원예 활동과 식물을 어떤 방식으로 이용하여 어떤 부분을 개선시키고자 하는지에 대한 명료화가 이루어져야 하는 단계이다.

그리고 이 단계의 결과물을 바탕으로 프로그램의 효과성 여부를 살펴볼 수 있는 평가 방법의 설정이 필요하다. 프로그램이 목적으로 하는 바를 가장 잘 보여줄 수 있는 평가 방법을 설정하고, 이것의 구체적인 도구의 마련이 이루어져야 한다.

(4) 프로그램의 하위 목표 설정 및 활동의 선정

프로그램의 구체적 목적을 선정하면, 각 회기의 순서에 따른 목표 단계들이 수립될 수 있다. 치료란 점차적으로 개선되어 가는 '과정'으로 하나의 치료 세션이 종료되는 순간까지 각각의 단계마다 점진적인 목표 수립이 되어야 한다. 예를 들어 위의 단기기억 개선 프로그램에서 첫 회기에서 끝 회기까지 목표는 기억해야 할 식물의 단어 수를 2회기당 두 개씩으로 증가시키면서 기억 방략의 연습을 유도할 수 있

원예치료 목적과 목표 선정의 예

진단	증상	목표	목적
기분장애 (우울)	고립	환자가 치료사와 프로그램 현장에서 30분 동안 머무른다.	사회성 증진
기분장애 (조증)	혼란스럽고 왔다 갔다함	환자가 야외산보에 동참한다.	혼란, 과다행동 감소
불안장애(강박)	계속 손 씻고 방 청소	활동시 환자가 장갑 끼고 토양을 섞는다.	먼지와 균에 대한 스트레스와 불안감소
정신분열증	청각 환청이 들림	환자가 30분간 식물을 화분에 옮겨 심는 데 집중한다.	환청으로부터 활동에 집중
의존형 인격장애	옷, 식단, 활동 등의 결정을 못 내림	환자가 일주일에 두 번 창틀의 식물에 물을 준다.	어떤 일에 책임을 짐

출처: Simson, S. P., & Straus, M. (1998). *Horticulture as Therapy.*

다. 이것이 단계적인 프로그램의 목표로서 이 목표들의 달성을 통해 프로그램의 구체적 목적이 달성되는 위계적이며 유기적인 관계의 설정이 필요하다.

그리고 이러한 단계의 목표들에 따른 원예활동 및 식물의 선정이 이루어지는데, 이것은 기본적으로 목표를 달성할 수 있는 가장 효과적인 활동의 선정이 요구된다. 기억 방략의 연습을 위한 활동에서 단 한 가지의 식물로 이루어지는 활동보다는 다양한 식물을 이용한 활동이 더 효과적일 수 있는 것이 그것이다. 앞의 표는 정신과에서 이뤄진 목적과 목표선정의 예를 보여주고 있다.

(5) 각 활동에 대한 세분화된 활동 계획표의 작성

각 회기의 활동이 선정되면, 그 활동들에 대한 세분화된 행동 계획과 개입 방법, 그리고 준비 사항 등에 대한 정리가 필요하다. 이것은 프로그램의 원활한 운영을 위해 필수적인 단계로서 세심하게 짜여진 활동 계획일수록 그 진행이 원만하며, 더 효과적일 수 있다. 여기에서 활동에서 요구되는 행동에 대한 순서와 시간 계획, 그리고 그 행동에 대한 프로그램 진행자의 마음 자세 등의 설정이 이루어져야 하는데, 이것은 지금까지 밟아온 프로그램 구성 과정에서 명료화된 사항들과 유기적이며 밀접한 관련성을 지녀야 한다.

활동 계획표 구성에 있어서 지침이 될 수 있는 구조는 다음과 같다.

활동 계획표의 구조

1단계: 도입(10~20분 정도) - 그룹의 현실성, 규칙, 목적의 소개

① 그룹, 시간, 장소에 대한 소개: 치료사의 소개, 그룹의 특성, 활동의 시간, 진행상의 규칙 등을 설명한다.

② 목적 설명: 치료사는 그룹의 치료 목적을 설명한다. 즉, 원예 활동이 어떻게 치료 혹은 변화에 도움이 되는지를 설명한다.

③ 현재의 기분, 관심사: 대상자의 현재 기분, 생각, 중요한 일들 그리고 관심사에 대해 이야기하도록 격려한다.

④ 치료 목표 확인: 그 날의 치료 목표와 활동에 대한 설명을 한다.

☞ 이 단계에서는 대상자의 개인적인 상태 파악과 활동 참여의 여러 가지 면을 관찰할 수 있는 시간으로 활용된다. 또한, 대상자에게 있어서는 참여하게 될 활동에 대한 이해를 증가시켜 주며, 개인이 지각하게 되는 경험의 방향성 설정에 도움을 줄 수 있는 시간이 된다.

2단계: 활동(프로그램 회기 길이에 따라 유동적)

☞ 이 단계의 수행 과정에서는 치료사는 치료 목표에 도달할 수 있도록 활동을 수행하는 대상자의 변화나 욕구 등에 대한 세심한 관찰과 이에 적절한 언어적 자극을 제공해야 하며, 활동 자체의 목표에 도달할 수 있도록 적정 수준의 도움을 제공해야 한다.

3단계: 반응 확인(Recall Time, 10~15분) - 언어적 교류를 통한 활동 정리

① 자극에 대한 확인: 원예 활동에서 무엇을 들었고, 무엇을 했으며, 어떤 기분인지에 대한 언어적 상호작용을 나눈다.

② 대상자의 기분과 사고에 어떤 영향을 받았는가와 관련된 질문

☞ 반응 확인의 단계는 대상자들이 활동을 통해 얻은 경험 및 이득에 대한 재인식을 유도하는 과정이다. 따라서 치료사는 해당 회기의 치료 목표와 전체적 치료 목적에 대한 전제 하에

언어적 교류를 유도해야 할 것이다.

4단계: 정리 및 마무리(5분)

① 원예치료사가 다시 한 번 목표와 반응을 확인한 후, 다음 계획에 대한 개요적인 설명 및 활동상에 있었던 문제에 대한 해결을 약속한다.

② 다음 활동에 대한 점검: 다음 활동의 시간, 장소, 치료 계획, 활동 등에 대한 소개로 마무리 짓는다.

☞ 대상자가 해당 활동에 대한 종결의 의미를 부여하고, 다음 회기에 대한 기대감을 위한 설명이 이루어져야 하는 단계이다.

3) 실행-치료 과정

계획된 치료가 대상자에게 실제적으로 실행되는 치료 과정은 단지 활동이 이루어지는 것만이 아니라 현재 이루어지고 있는 각각의 회기에 대한 상황 파악과 진행에 대한 점검 및 대안의 마련, 그리고 해당 회기에 대한 평가가 이루어져야 한다. 이것은 진행되고 있는 치료 프로그램이 실제적 적용 과정에서 대상자에게 적합한지의 여부를 확인하는 과정을 포함해야 하는 의미를 지니고 있으며, 원활한 진행을 위한 물리적 환경요인과 인적 환경요인에 대한 점검을 요구하는 단계이다. 또한 이 단계를 통해 선행 단계에서 설정된 치료 계획이 제대로 기능하는지에 대한 확인과 치료가 나아가야 할 방향에 대한 확인, 그리고 피드백을 통한 계획의 수정 혹은 발전을 위한 단계이기도 하다.

(1) 진행 상황 파악과 점검 및 대안 마련

진행 상황에 대한 파악과 점검 및 대안의 마련에서는 크게 물리적 환경 요인과 인적 환경 요인에 대한 고려로 나누어질 수 있다. 물리적 환경 요인은 활동의 준비 상태, 치료실 혹은 치료가 이루어지는 장소의 상태, 각종 도구의 준비 상태 및 정리에 대한 점검 등을 포함한다. 이것을 토대로 다음 회기에서의 준비 사항, 그리고 개선점 등이 논의될 수 있다. 인적 환경 요인은 치료사나 자원봉사자 등에 대한 점검으로 회기의 참석 여부, 회기 내에서 대상자에 대한 태도나 행동 등에 대한 평가, 점검을 통해 개선점 등에 대한 토론이 이루어져야 하는 요소이다.

(2) 치료 활동 회기에 대한 평가 및 문서화

치료가 이루어지는 각각의 회기에 대한 평가는 계획된 치료 프로그램의 수정을 위한 참고 자료가 될 수 있으며, 각각의 활동들에 대한 피드백을 제공하고, 단기 목표의 달성 여부에 대한 확인이 이루어질 수 있는 중요한 부분이다. 그러나 현재까지의 원예치료의 적용에서 공식적으로 사용된 평가의 형식은 체계적으로 제공되지 않았으며, 보고된 바가 없었다. 이러한 상황에서 치료 활동 회기에 대한 평가 및 문서화의 중요한 요소들을 밝히는 것에 도움이 될 수 있는 행동 관찰의 기준 내용과 문서화 방식의 한 종류는 다음과 같다.

환자의 행동을 관찰하여 원예치료의 활동 회기에 대한 평가의 방법에는 고정된 평가지가 마련되지 않았으나, 치료사의 전문적 견해를 포함시킬 수 있는 요약된 정도의 간략한 기준 내용이 다음과 같이 제시될 수 있다.

① 원예치료 기간 중 대상자가 목표와 목적을 달성했는지
② 대상자가 치료사를 어떻게 대하는지
③ 치료사가 대상자와 어떻게 상호 관련하는지
④ 대상자가 다른 그룹멤버와 어떻게 상호 관련하는지

⑤ 대상자가 수동적, 공격적, 주의집중하는지
⑥ 대상자의 주의집중 시간의 길이는
⑦ 대상자가 활동을 이해하는가
⑧ 대상자가 독립적으로 참여하는가
⑨ 대상자가 활동을 즐기는가

일반적인 치료 활동에 대한 평가로 받아들여지고 있는 형식 중 하나를 제시한다면 AIPE 보고서가 있을 수 있다. APIE 보고서는 네 가지의 조항으로 구성된 평가의 문서화 방식으로 A(Assessment, 진단평가), P(Plan, 치료 계획), I(Intervention, 치료 개입), E(Evauation, 평가)가 그것이다(William, B. et al., 1999).

진단 평가(A) 사전 진단 평가에서 보여진 대상자의 상태 및 욕구의 변화, 진행 과정에 대한 서술로서 각 회기 내에서와 회기를 마친 후의 상태를 기술한다. 대상자의 현재 상태에 대한 지속적인 관찰과 서술을 통해 치료사가 계획한 치료 방향에 피드백을 줄 수 있는 자료가 되며, 변화하는 대상자의 욕구를 다음 단계의 회기에서 설정할 활동의 난이도나 활동의 구체적 진행 방향을 새롭게 할 수 있는 자료가 된다.

치료 계획(P) 원예치료사가 계획한 각 회기의 목표에 대한 기술과 더불어 이 목표에 도달하기 위한 접근 방법 및 실제적 적용 기법 등을 기술한다. 이 부분의 기술은 원예치료사로 하여금 해당 회기에서의 방향과 전체적 치료 과정의 방향에 대한 지속적인 확인 작업을 도울 수 있다. 치료사가 설정한 치료 방향에 따라 회기를 진행시키는데 일관성을 부여할 수 있음과 동시에 치료 종결 후 이루어지는 평가를 분석하는 데 중요한 분석 요소가 될 수 있다.

치료 개입(I) 대상자에 대한 세심한 관찰 내용과 치료사가 대상자를 대하는 마음 상태의 기술, 그리고 실제로 회기 내에서 이루어진 치료사와 대상자의 교류를 기술한다. 또한 치료 회기 내에서의 일반적인 진행 사항에 대한 서술을 포함함으로써, 해당 회기가 진행되었던 상황 정보를 제공해 줄 수 있다. 치료 개입의 서술 내용은 평가 부분의 기술 내용이나 혹은 치료 종결시의 대상자 평가에 대한 참고 자료의 형식이 될 수 있으며, 또한 활동의 진행에서 치료사의 개입 방법 수정, 발전에 도움을 주는 자료가 된다.

평가(E) 마지막 단계인 평가의 부분에서는 설정된 치료 목표와 목적이 해당 회기에서 달성되었는지 여부를 기술하게 된다. 또한 대상자의 전반적인 상태 호전 여부를 점검하며, 회기가 이루어지기 전에 설정하였던 목적과 목표, 그리고 개입 방식, 진행 형태 등이 대상자에게 효과적이었는지에 대한 평가를 포함시킨다.

위와 같이 정해진 틀에 의한 평가의 문서화가 아니더라도, 치료사가 판단한 중요 요소들에 대한 각 회기의 평가를 문서화하는 작업은 원예치료사의 전문성을 증가시키며, 치료에 대한 명확한 피드백이 될 수 있으므로 중요한 단계이다.

4) 치료 결과 평가 및 종결

원예치료의 적용 과정에서 마지막 단계에 해당하는 이 과정에서는 치료 결과에 대한 평가가 이루어지면서 치료가 종결된다. 치료 결과에 대한 평가는 치료 계획의 과정에서 설정된 평가 방식에 따라 평가가 이루어질 수 있으며, 혹은 각각의 활동 회기마다 이루어진 평가(예, APIE 보고서)의 종합으로 이루어 질 수 있다. 치료 결과의 평가는 그 목적이 연구 결과로서의 정리를 위한 것이 될 수 있고, 또한 치료사 자신의 전문성 증대를 위한 발전 자료로 이용될 수 있을 것이다. 더불어, 다음 단계의 치료 계획을 위한 중요한 피드백 자료로 활용 될 수 있는 측면을 유념해야 할 것이다.

대상자의 선정 및 진단 평가, 치료 계획, 치료 과정-실행, 치료 결과 평가 및 종결이라는 원예치료의 적용 과정에 대한 일반적 설명은 위와 같은데, 실제적인 치료 적용의 사례를 통해 그 이해를 도울 수 있다.

4세 남자 아동에 대한 원예치료: 사례보고서

Edward Hoffman, Ph.D.

• 대상자의 선정 및 진단 평가

두 형제 중 첫째인 에릭은 그가 4세 2개월이었을 때인 1986년 9월에 특수화된 유치원 프로그램에 참여하기 시작하였다. 그는 임신 기간을 채워서 자연 분만, 순산으로 정상적으로 태어난 것으로 기록되었다. 운동 근육 측정치는 기록에 의하면 정상적 범위에 도달해 있었다. 에릭의 엄마는 그가 18개월이었을 때 처음 발달적인 장애들을 보고했다. 그 당시 에릭은 언어의 내용과 명료함에서 비정상적인 것들을 보였다. 청각적 평가는 에릭의 듣기가 정상적인 범위에 있었다는 것을 나타낸다. 그러나 진단적 언어 평가는 에릭이 "수용적, 표현적 언어 양쪽 모두에서 발달적 지체"를 나타낸다는 것을 확증했다. 일반적 언어치료 프로그램인 특수 유치원 프로그램에 배치되는 것이 추천되었다. 유치원 프로그램에 에릭이 배치되기에 앞서서 상황을 요약하면, 그의 부모는 부부간의 문제들로 인해 별거를 하게 되었으며, 이 사건이 에릭의 의사소통과 대인관계의 발달에 부정적으로 영향을 미쳐온 것에 대한 근심을 표현하였다. 현재, 에릭과 그의 엄마, 2세 5개월 된 남자 동생은 모두 외조부와 함께 거주하고 있다. 그리고 아동을 위한 Kaufman Assessment battery(K-ABC)를 이용한 지능검사에서 에릭이 평균 범위의 지능에서 기능하고 있음을 나타내었다.

에릭이 유치원 프로그램에 다니자마자 그는 몇몇 특이한 행동들을 보이기 시작했다. 이러한 행동들로 인해 심리학적인 관찰을 유도하였는데, 이러한 행동들 중 가장 두드러진 두 가지는 반복적이며 표면상 자기 자극적인 행동과 언어적 신체적 공격이었다. 전형적으로 그의 공격적인 감정들이 자주 또래들이나 장난감에 대치되었을지라도 그것을 그의 엄마를 목표로 하였다.

에릭의 놀이를 관찰하고 그의 적절하지 않은 교실 행동(한 주당 평균 26건)에 대한 기초선 자료를 얻은 후, 에릭이 개인적인 놀이치료 모임에 주당 세 번 참여하면서 치료를 실시하였다.

놀이치료의 과정에서 에릭은 빨리 그리고 쉽게 놀이치료에 몰두했고, 치료자와 관계를 잘 맺었다. 첫 번째 모임에서 발생했고, 치료 과정을 통해 반복되는 주요 테마는 그의 엄마를 향한 분노였다. 에릭의 "그녀는 좋지 않기 때문에 짓눌려질 거야"라는 말과 함께 여자 어른 형상의 장난감을 향한 직접적인 공격적 놀이는 거의 즉시 발생하였다. 이러한 말들과 행동들은 첫 10회의 놀이치료 기간의 특징이 되었다.

에릭이 그의 부모들을 향한 상당한 분노를 경험하고 있음이 명백해진 반면, 전통적인 놀이치료는 그가 이러한 감정들을 풀도록 허락하는데 성공적이지 못함이 입증되었다. 교실에서, 그의 공격적 행동의 빈도와 강도가 증가하였다. 치료적 상황에서 어떤 혁명이 필요하다는 것이 명백하게 되었다.

• **치료 계획**

놀이치료 내용에 대해 분석하는 동안, 에릭은 그의 엄마와 조부모로부터 미흡한 양육을 받고 있는 것처럼 보였다. 만일 에릭에게 지지적인 환경에서 한 사물을 양육할 기회를 준다면, 그는 돌봄(caring), 양육(nurturing), 그리고 개인적 책임감을 갖는 데 있어서 개선된 능력을 보이게 될 것이라고 추측했다. 게다가 어떤 사물을 돌보는 것은 에릭이 개인적 능력과 증진된 자아존중감을 경험하도록 허락할 것이라고 가설을 세웠다.

에릭이 애완동물을 돌보게 하자는 아이디어가 간단히 고려되었으나, 그가 그런 책임감이 너무 큰 노력을 요한다는 것을 발견할지도 모른다는 우려 때문에 거부되었다. 또한 애완동물이 죽을 가능성이 치료의 성공에 역효과를 가져올 수도 있었다. 그래서 원예치료가 결정되었다. 왜냐하면 이러한 개입이 그가 살아 있는 사물에 대해 덜 위협적이고 더 간단한 방법으로 양육과 돌봄을 제공하게 할 것이기 때문이다.

원예치료사에 의해 프로그램이 계획되어졌고 거기에서 에릭은 능동적으로 새로운 식물을 돌보는 데 참여하도록 하였다.

• **실행 – 치료 과정**

에릭은 처음에 이러한 새로운 원예치료의 모임을 "자유놀이"로서 보았다. 이러한 초기 모임에서 상당한 자유가 허락되는 동안, 에릭의 관심은 식물을 돌보는 데 강하게 강화되었다. 그는 "식물들은 스스로를 돌볼 수 없다."는 충고를 받았다. 에릭은 원예치료 모임에 열중하는 모습을 보였고, 그것은 일주일에 두 번 45분으로 계획되었다.

온실 안에서 주로 놀이로 구성된 3회의 회기 후에, 에릭은 화분에 심고, 물을 주고, 돌보는 그의 식물을 "자기 것"으로 받아들였다. 그는 열성적으로 그리고, 심각한 태도로 이러한 책임감을 받아들였다. 에릭은 자기의 식물에 물을 주고, 다른 식물들을 조사하여 그 식물들의 물에 대한 요구를 결정하고, 그에 따라 물을 주는 일과를 빨리 성취했다. 에릭에게 자신 소유의 물 주는 통을 주었고, 그는 점차로 치료자로부터 최소한의 보조를 받아 식물들을 아름답게 키우는 보호자로서의 역할을 맡게 되었다.

5회의 회기에서 에릭은 처음으로 그가 식물들을 돌보기 위해 거기에 있지 않을 때, 그의 식물들이 잘 자랄지에 대한 걱정을 말했다.

그런 말을 한 후에, 8회의 회기에서 에릭은 식물과 아이들의 비슷한 점을 자발적으로 말했다. "둘 다 그들을 돌봐주고 그들을 기분 좋게 만들 누군가를 필요로 한다.". 그 다음 그는 "나는 내 식물의 아빠이다."고 말했고, "좋은 아빠들은 너를 돌본다." 반면 "나쁜 아빠들은 돌보지 않고 네가 필요로 하는 것을 주지 않는다."는 것을 따랐다. 그는 "좋은 아빠"가 되려는 그의 의도를 선언함으로써 이 말을 따랐다.

돌보는 사람으로서의 에릭의 성공에 대한 찬사로서 원예치료사는 에릭에게 자기 소유의 정원으로 개간할 수 있는 한 플롯의 땅을 허락해 주었다. 스태프들의 격려와 최소한의 보조로 에릭은 밭을 갈고, 식물을 심고, 그의 정원을 돌보는 데서의 성취를 보여주었다.

이러한 회기 동안 에릭은 점점 양육과 책임감이라는 이슈에 관련된 감정들을 표현했다. 그는 자주 "작은 식물들"을 효과적으로 돌보는 데 대한 그의 자부심을 이야기했다.

• **치료 종결 및 평가**

여름이 끝날 즘, 에릭은 유치원 프로그램에 참여하는 마지막 나이에 도달했다. 그래서 30회기의 원예치료 후에 치료가 끝났다. 에릭의 교실 내 행동에 대한 평가가 그때 시작되었다. 중요한 이점이 증명된 이 평가에서, 에릭의 선생님으로부터의 일화기록들은 그의 공격적이고 전형적인 행동들이 현저하게 줄어들었고, 더욱이 그는 이제 더 이상 교실에서 "문제아"로 보이지 않았다는 것을 나타내었다. 에릭의 부적응적 행동들은 기초선 자료인 평균 주당 26회였던 것과 비교해 볼 때 평균 2회까지 감소했다.

임상적으로 에릭은 원예치료 경험의 결과로서 또래들과 더 사교적인 모습이었다. 그는 늘 어린 살아 있는 것들은 돌봄과 주의를 받을 필요가 있다고 말했고, 명쾌하게 이 범주 속에 자기 자신을 포함시켰다. 에릭이 엄마는 또한 그가 집에서 중요한 행동적 개선을 보였다고 보고하였다.

• 논 의

수용성 언어와 표현성 언어 모두에서의 손상과 공격적이고 분열적인 행동들을 보이는 것으로 진단된 4세 남자 아동에게 원예치료가 행해졌다. 원예치료는 단지 제한된 성과만을 가져온 15회기의 전통적인 놀이치료 후에 시작되었다. 원예치료가 시작된 이후부터 에릭은 참가하는 데 열심이었고, 위협적이지 않은 이 원예활동들을 즐겼다. 그는 치료 과정 전체를 통해 높은 수준의 흥미를 유지했다. 에릭은 자주 이 식물 돌보기에 참가하는 것이 그를 "좋은 느낌"으로 만든다는 생각을 말했고, 정말 그것은 명백히 자아정체감과 관계맺기 능력을 강화시켰다.

30회기의 원예치료 과정이 끝나고 에릭의 교실 내 행동은 극적으로 개선되었다. 그의 담임선생님은 과제에 대한 증가된 주의 집중, 더 나아진 협동, 횟수가 줄어든 분열을 보고했다. 그의 애정 또한 개선되었고 에릭은 치료에 따라 더 행복해 보였다.

2. 치료적 프로그램으로 원예를 통합시킬 때 고려해야 할 세 가지 영역

Relf(1996)는 치료적 프로그램으로 원예를 통합시킬 때, 다음의 세 가지 영역에 대한 고려가 필요하다고 주장하였다.

- 프로그램에 참여하게 될 개인
- 프로그램의 방향을 향한 명확한 목표들
- 프로그램 이행을 위한 기법들.

각각의 영역에서 고려되어야만 하는 몇 가지의 요소들은 다음과 같다.

1) 개인에 대한 고려

① 프로그램 내에서의 개인의 능력 즉, 신체적, 정신적 한계에 대해 고려해야 한다.

② 그룹의 모든 구성원들이 식물에 대해 똑같은 흥미를 지니지 않았음을 유념하고 새집 짓기나, 돌, 곤충 채집 등의 관련된 활동들에 대한 참여를 격려한다.

③ 개인의 능력과 재능을 최대한 발휘하도록 만드는 그룹 프로젝트를 장려한다. 예를 들어 원예 전시회는 전시 계획, 재료수집, 전시 구성, 방문자에게 전시품 설명하기 등의 기회를 제공한다. 동시에 이것은 사회적 상호작용을 촉진하고, 그룹 구성원들에게 리더십을 보여줄 수 있는 기회와 협동을 가르쳐줄 수 있는 기회를 제공한다.

④ 개별 과제들이 대상자들의 욕구와 능력에 맞춰서 구성되도록 준비해야 한다. 그래서 대상자 스스로가 개인적 역량의 결과로서 자신의 성취를 받아들일 수 있도록 만들어 주어야 한다.

⑤ 가능하다면, 활동의 계획을 함께 토론한다. 참여자들로 하여금 의사 결정을 하도록 지지해야 하며 치료사의 원예에 대한 지식은 활동의 방향을 지도하는 것으로 사용해야 한다.

⑥ 참여자들이 스스로 대부분의 과제를 운용할 수 있도록 프로젝트를 구성해야 하며 각각의 사람들은 스스로 행동하는 것으로써 프로그램으로부터 더 많은 것을 얻을 수 있다.

⑦ 상을 주는 것으로 개인들 간의 경쟁을 일으키는 것을 삼가야 한다. 건강한 식물과 한마디의 격려가 자신감과 만족감을 키울 것이다.

2) 목표의 지속

① "바쁜" 과제를 피해야 하며 모든 활동은 한정된 기능을 가져야 하고, 전체 프로그램의 완전한 부분이 되어야만 한다.

② 꽃꽂이나 정원으로부터의 생산물이든지 간에, 활동의 마지막 생산물에 너무 큰 가치를 부여하지 말고, 중요한 것은 마지막 생산물이 아닌 참여임을 기억해야 한다.

③ 직업교육 프로그램을 제외한, 프로그램의 목적이 화훼 전문가나 정원사를 만들기 위한 것이 아님을 유념해야 하며 프로그램은 그들이 식물과 함께 하는 탐색을 통해 시간을 보낼 수 있도록 격려하는 차원에서 만들어야 한다.

④ 원예에 대한 너무 과학적인, 혹은 복잡한 접근을 피해야 하며 식물에 대한 정보 제공은 정원 가꾸기에 대한 즐거움을 증가시키고, 추후 활동에 대한 격려가 될 수 있다.

⑤ 테라리움 심기와 같이 단기간에 완성될 수 있는, 그래서 참여자들이 그들이 노력의 대가를 즉각적으로 얻을 수 있는 프로젝트를 이용해야 한다. 그러나 채소 정원과 같이 장기간의 프로젝트를 포함시키고, 대상자들로 하여금 미래에 필요한 요구들과 활동을 생각해 보도록 격려한다.

3) 기술의 활용

① 연속체의 형태에서 충분히 발전 할 수 있는 프로젝트를 계획해야 한다. 예를 들어 이른 봄 온실 내에서 시작되거나, 여름의 정원에서부터 겨울 크래프트로 이용할 수 있는 건조가 가능한 꽃의 씨앗 심기와 같은 것이 될 수 있다.

② 그룹 구성원들을 동기화시키는 것에 있어서, 그들이 친밀해질 수 있는 활동의 다양함을 이용한다. 예를 들면 원예 빙고와 같은 활동 등을 준비한다.

③ 정원치료 프로그램의 수동적 이득을 개발한다. 즉 실외로 나가지 못하거나 정원을 걷지 못하는 대상자들은 창가 가까이에 앉아 있거나, 정원에 있는 자연을 바라보는 것만으로도 평온함이라는 이득을 얻을 수 있을 것이다.

④ 대상자들에게 꽃 박람회나 다른 전시회들의 관람을 이용해서 다양한 형태의 재능을 보여주는 기회를 제공한다. 지역 정원 클럽 박람회를 치료사가 프로그램으로 통합시키는 것이 가능할 것이며, 이것은 프로그램에 참여하는 사람들이 그들의 원예적 능력을 장애를 지니지 않은 아마추어 정원사와 함께 보여줄 수 있을 것이다.

⑤ 지역 정원 클럽이나, 배양소, 꽃집 등의 참여를 격려한다. 그들이 종종 기부하길 원하는 재료들을 갖고 있을 것이다.

⑥ 명확하고 잘 조직된 형태로 제시할 수 있을 정도로 각각의 활동들을 철저하게 알아야 한다. 그 활동을 모의적으로 완전히 실행해 보고, 여러 그룹을 대상으로 반복해 본다.

⑦ 채소 정원을 계획할 때, 생산물을 어떻게 이용할 것인지를 고려하고, 그것을 수확한 후 관리할 수 있는 기술에는 어떤 것이 있는지를 고려해야 한다.

⑧ 공공의 혹은 사적인 공원, 정원, 온실을 실외 수업에 이용한다.

⑨ 땅, 곤충, 물, 새 등에 대한 공부와 같이, 식물에 미치는 영향력의 중요성에 대한 자연의 다양한 측면들 간의 상호 관련성을 보여줄 수 있도록 통합시킨다.

⑩ 가능한 시청각 재료를 다양하게 이용한다. 슬라이드, 영화, 잡지, 정원 안내 책자들은 모든 정원사들이 관심을 갖고 있는 것이다.

이것들은 겨울에 좋은 활동으로 제공된다.

⑪ 값 비싼 재료들만큼이나 비싸지 않은 재료도 치료적 효과를 낼 수 있음을 알아야 한다. 참여자들에 의해 길러진 꽃은 지역 꽃집에서의 장미보다, 꽃꽂이에서 더 큰 가치를 지닌다.

⑫ 성실하고 열성적으로 일해야 한다. 그러한 태도는 치료사 자신에게 큰 기쁨을 주며, 그 기쁨을 대상자들과 나눠야 한다.

제8장

예방 공간에서의 원예치료

1. 예방 공간에서의 원예치료 접근 방법

원예치료의 '접근 방법'이란 원예치료가 궁극적으로 목적하는 바를 달성하기 위해 나아가는 길을 의미한다. 즉, 원예치료를 통해 대상자가 어떠한 상태가 되기를 목적으로 하는지에 대한 설정이 있은 후에 그 상태에 도달하기 위한 과정들의 설정이 이루어지는데, 이 과정들의 설정에 지침이 되는 것이 접근 방법인 것이다.

예방 공간에서 이루어지는 원예치료의 궁극적인 목적은 건강한 발달과 삶의 질의 향상이며, 이것은 정신 건강을 위한 치료의 차원이 됨과 동시에 신체적인 건강 또한 유지하고 향상시킬 수 있는 기회를 제공해준다. 가정과 학교, 공동체, 나아가 국가라는 차원에서 이루어지는 예방의 원예치료는 기본적으로 인간의 발달에 대한 이해가 전제되어야 한다. 여기에서 인간의 발달은 정상적으로 이루어지는 발달로서, 심리학적 발달과 신체적 변화가 동시에 고려되어야 할 것이다. 과거의 심리학적 발달에 관한 이론들은 대부분 아동기, 청소년기까지의 발달 과정만을 다루었으나, 현재의 경향은 '생애발달 심리학(life-span developmental psychology)' 이라고 하여 성인기와 노년기를 포함하여 인간의 전 생애를 그 대상으로 삼고 있다(정옥분, 2000). 즉 성격과 사회성 발달, 자아의 실현, 정체성에 대한 추구, 그리고 인생 전반에 걸친 타인과의 개인적 관계를 강조하였다. 예방 공간에서의 원예치료는 모든 연령을 대상으로 삼을 수 있으며, 여기에는 사람의 전 생애에 걸친 발달의 과정과 신체적 기능의 변화에 대한 이해가 바탕이 되어야 원예치료의 궁극적인 목적에 도달 할 수 있을 것이다. 따라서 예방 공간에서의 원예치료 접근방법은 인간의 심리적 발달을 통찰력 있게 설명한 Erikson의 심리 사회적 발달 이론에 대한 설명과 더불어 사회적 상황에서 살아가는 인간에게 있어서 중요한 요소로 고려되는 도덕성에 대한 발달 단계를 설명해 주는 Kohlberg의 도덕성 발달 단계에 대한 이론을 살펴보고자 한다. 이러한 두 가지의 인간 심리에 대한 이해와 더불어 여기서는 언급하지 않지만, 다른 공간들에서와 마찬가지로 예방 공간에서의 원예치료 또한 원예활동의 구성에 기본적인 고려사항이며, 중요한 요소인 신체적 기능의 변화에 대한 이해가 필수적이다. 이는 대상자가 수행 가능한 원예활동과 수행이 불가능하거나 상당한 부담이 되는 원예 활동을 구분하여 주는 중요한 기준이 될 수 있는데, 이 기준에 의한 원예 활동의 선정이 원예치료의 성공적인 치료 효과를 가져다 줄 수 있기 때문이다.

1) Erikson의 심리 사회적 발달 이론

Erikson은 몇몇 문화의 아동 양육 실태를 연구 한 후, 모든 인간은 기본적으로 같은 욕구를 갖고 있다고 보았는데, Frued와는 달리 인간

Erikson의 심리 사회적 발달 단계

단계	연령	발달 과업과 위기	주요 사건	설 명
1	영아기 (0~1세)	신뢰감 대 불신감	섭식	유아는 기본 욕구의 충족에 있어서 주 양육자와 신뢰 관계를 형성해야 하며, 그렇지 못할 경우 불신감이 형성된다
2	유아기 (2~3세)	자율성 대 수치심	대소변 훈련	신체적 기술을 발달시키는 데에 에너지가 집중되면서, 그것이 성공적일 경우 자율성이 생기며, 통제를 제대로 못하게 되면 수치심과 회의감이 나타난다.
3	아동 초기 (4~5세)	주도성 대 죄책감	독립	좀 더 단호해지려 노력하고 주도권을 잡으려고 애쓴다. 이 과정에서 다른 사람에게 상처를 주게 되면 죄책감을 느끼게 된다.
4	아동 후기 (6~11세)	근면성 대 열등감	학교	학교에 들어가면서 새롭고 복잡한 기술의 습득이 요구되면서, 그것을 성공적으로 해 나가면 근면성을 얻고, 그렇지 못하면 열등감을 느끼게 된다.
5	청년기	자아정체감 대 역할 혼미	또래관계	직업, 성역할, 정치, 종교를 포함하는 몇 영역에서 자신이 누구인가에 대한 정체감의 확립이 필요하다.
6	성년기	친밀감 대 고립감	애정관계	친밀한 관계를 형성하기 위해 "나"를 "우리"라는 개념속에 빠져들게 해야 한다. 그렇지 않으면 고립감을 경험하게 된다.
7	**중년기**	**생산성 대 침체성**	**양육**	**다음 세대를 지원해 주는 등의 생산적인 일에 몰두하게 되며, 이 과업이 달성되지 못한 사람은 사회적 발달의 지체를 보인다.**
8	노년기	자아 통합 대 절망감	자신의 인생에 대한 반영과 수용	앞의 모든 단계를 원활히 지나오면, 자기 자신을 있는 그대로 받아들이며 삶에 대한 관조와 통찰을 하게 된다.

의 욕구 그 자체가 발달을 이끄는 것이 아니라고 보았다. 그의 발달이론에서 주요한 개념은 한 개인이 변화하는 욕구를 충족시키고자 환경과 접촉하는 자아양식이 타인들과 상호작용 속에서 충족되거나 좌절되는 양상이 발달을 이끈다고 보았다. 여기에서 Erikson은 Piaget와 마찬가지로 발달을 목표, 관심, 성취 그리고 위험을 내포하는 일련의

단계를 통과하는 과정으로 보았는데, 각 단계는 상호 의존적이고, 다음 단계의 성취는 이전의 갈등이 어떻게 해결되었는지에 달려 있다고 설명하고 있다. 그는 개인이 각 단계에서 '발달적 위기(developmental crisis)' 에 직면한다고 주장하면서 그 위기는 긍정적 대안과 또한 잠재적으로 건강하지 못한 대안 간의 갈등을 포함한다고 설명한다(송명자, 2002). 개인이 각 위기를 해결하는 방식은 개인의 자아상과 문화를 보는 눈에 지속적인 영향을 미칠 것이며, 초기 단계에서의 건강하지 못한 문제 해결은 종종 이후 단계에서 손상이 회복될 수 있을지라도, 인생 전반에 걸쳐 잠재적으로 부정적인 영향을 가질 것으로 본다. 또한 Erikson은 개인의 건강한 인성, 혹은 덕목을 "자아의 건강한 인성이 단계별로 강화되어 세대를 이어 전수되는 인간의 특성"으로 정의한다. 그가 덕목으로 꼽는 것에는 희망, 의지, 의도, 능력, 성실, 사랑, 보살핌, 지혜가 포함됨을 볼 수 있다(임귀혁, 2000).

(1) 기본 신뢰감 대 불신감(0~1세)

생후 초기의 어린 아기가 해결해야 될 첫 번째의 심리적 과업은 세상에 대한 믿음을 얻는 것이다. 이러한 기본 신뢰감은 부모로부터 어린 아기가 기본적 욕구를 충족시켜 가는 과정에서 일관된 계속적 경험을 함으로써 형성된다. 음식의 양이나 애정의 외현적 표시보다는 부모와 자식 관계의 질이 더 중요하다. 만일 아기의 생리적 욕구가 잘 충족되고 부모와 순수한 애정관계를 갖게 되면, 아기는 세상을 안전하고 믿을 수 있는 곳이라고 생각하게 된다. 그러나 만일 아기를 돌보는 것이 부적절하고 일관성이 없고, 부정적이면, 어린이는 공포와 의심을 가지고 세상을 살아가려 하게 된다. 즉 기본 불신감이 형성되는 것이다. 기본 신뢰감은 이후에 삶의 의욕과 긍정적 세계관을 기르는 데 기초가 된다.

(2) 자율성 대 수치심(2~3세)

부모로부터 신뢰감을 얻게 되면 아동은 독립하고자 하는 강한 욕구를 갖게 된다. 만일 부모들이 아동 스스로 할 수 있는 신체동작이나 놀이 등을 허용해 주고 격려해 주면 어린이는 자율성을 형성하게 된다. 물론 이러한 격려와 허용의 과정에서도 적당한 만큼의 감독과 제재가 있어야 하지만, 부모나 교사가 참을성 없이 아동의 모든 것을 대신 다 해 주고, 지나치게 간섭하고 통제하면, 아동은 스스로의 자율성과 자신의 능력에 대해 의심을 갖게 된다. 더욱이 아동의 미숙하고 부적절한 행동에 대해 수치심을 심어주면 자율성은 고사하고 심한 자기 상실에 빠지게 된다. 이러한 자율성은 이후에 독립성과 자기 존중감 등을 기르는 데 기초가 된다.

(3) 주도성 대 죄책감(4~5세)

자기의 요구에 따른 자율과 독립의 기초가 마련되면 아동은 외부 세계에 대해 적극적이고 능동적인 신체활동과 언어의 사용이 증가된다. 이를 주도성의 요구라고 하며, 주도성은 자율성에 덧붙여 자신의 활동을 스스로 계획하고 추진하며, 또 외부 세계에 도전하는 행동 특징을 말한다. 4~5세 아동이 적당한 만큼의 자유를 가지고 탐색하고 실험하도록 허용해 주고, 부모나 교사는 이들의 질문에 진지하게 응해주며, 스스로의 문제해결에 자발적 의사를 갖도록 격려해 주면 주도성이 발달된다. 만일 아동의 요구와 신체활동을 지나치게 제한하고, 질문이나 탐색활동을 의미 없고 귀찮은 것으로만 취급하면, 아동은 자신에 대한 심한 죄책감을 갖게 된다.

(4) 근면성 대 열등감(6~11세)

아동이 초등학교에 입학할 때쯤 되면 아동의 활동은 지적 호기심과 성취동기에 의해 유발된다. 이 시기의 아동은 중요한 인지적 및 사회적 기술을 숙달하게 되는데, 아동들은 학교에서 부과하는 여러 과제들에 꾸준히 주의를 기울이고 성실히 작업에 임하는 근면성을 획득해야 한다. 이 시기의 아동들이 학교에서나 가정에서 자신에게 주어진 일에 적절한 성취를 느끼지 못하면 아동은 열등감에 빠져들게 된다. 이러한 점에서 아동을 격려하고 재능을 발견하고 북돋아주는 교사나 부모의 태도가 중요하다.

(5) 자아정체감 대 역할 혼미(12~18세)

신체적 성숙이 이루어지고 부모로부터 심리적으로 상당한 만큼 독립을 하게 되면 청소년들은 자신이 어떠한 사람이 될 것인가에 대해 깊은 관심을 갖게 된다. 즉 청소년들의 마음속에 심리적 혁명이 일어난다. 나는 어떤 사람인가, 나는 다른 사람들에게 어떻게 보여지고 있는가, 나는 무엇을 위해 살아야 하는가 등 끊임없는 자기 질문을 통해 자신에 대한 통찰과 자기상을 찾기 위한 노력을 하게 된다. 그 결과 얻는 것이 자아 정체감이며, 이는 자신의 장래 진로와 직업선택, 배우자 선택, 인생관의 성립 등에 있어서 중요한 역할을 하게 된다. 이것이 해결되지 않고 방황하는 사태가 바로 역할 혼미, 또는 정체감 혼란으로 이는 직업 선택이나 성역할 등에 혼란을 가져오고 인생관과 가치관의 확립에 심한 갈등을 야기시키게 된다.

(6) 친밀감 대 고립감(성년기)

청소년기의 자아정체감이 확립되면, 자신의 정체감과 다른 사람의 정체감을 연결시키고 조화시키려는 노력을 하게 된다. 즉, 부모, 배우자, 동료 등 사회의 여러 다른 성인들과 친밀한 관계를 맺으면서 자신의 고립과 고독을 극복하게 된다.

(7) 생산성 대 침체성(중년기)

가정에서는 배우자와 부모, 직장에서는 동료 및 사회의 다른 성인들과 원만한 관계가 성취되면 중년기에는 자신에게 몰두하기보다는 생산적인 일에 몰두하며, 자녀를 낳고 기르고 돌보는 일에 전념하게 된다. 여기서 말하는 생산성은 일차적으로 다음 세대를 길러내고 돌보아 주는 일을 의미하지만 넓은 의미로는 자신보다는 남과 사회를 위해 일하는 것을 의미한다. 즉 사회적 성취를 포함하는 넓은 의미로 보아야 할 것이다.

이러한 과정이 원만하게 이루어지지 못한 사람은 어릴 적과 마찬가지로 자신에게만 몰두하게 됨으로써, 사회적, 발달적 정체를 면하지 못하게 된다.

(8) 자아 통합 대 절망감(노년기)

자아 통합은 자신의 인생을 그대로 인정하고 받아들이며, 삶에 대한 통찰과 관조로서 유한성과 다가올 죽음까지도 수용하는 것을 의미한다. 이러한 통합이 이루어지지 못하면 인생의 짧음을 탓하게 되고, 불가능함에도 불구하고 다른 삶을 시도해 보려고 급급해하며, 급기야는 삶에 대한 절망 속에서 헤매게 된다.

Erikson의 심리 사회적 발달 단계의 표에서 보여 지듯이 예방 차원에서 원예치료가 목적으로 하는 건강한 심신의 발달에 초점이 맞춰질 때 가장 중요한 세대가 7단계 중년기임을 알 수 있다. 이 세대의 주요 사건은 '양육' 으로서 다음세대를 지원해 주는 생산적인 일에 몰두하는 때이기도 하다. 따라서 정원과 원예활동의 생활화가 필요함을 알고 자신의 삶 속에서 실행을 해야 한다. 그 실행을 통해 양육의 원리를 이해하여 자연스럽게 다음세대 양육의 문제를 훌륭하게 수행할 수 있으며, 또는 자신에게 문제가 있다면 자신의 삶을 되돌아보며 같은 실수를 반복하지 않음으로써 건강한 노년기를 준비하는 중요한 시기임을 알 수 있다.

2) Kohlberg의 도덕성 발달 이론

예방공간에서 인성의 발달을 돕는 또 다른 한 측면은 도덕적 판단이다. 왜냐하면 우리는 사회에 여러 사람과 함께 살아가는 존재로서 도덕적 판단은 인지 발달과 더불어 중요한 척도가 된다. 이는 사람들이 도덕적 발달의 높은 단계로 나아갈수록 더 많이 나누고, 불공평에 의한 희생자를 도와줄 수 있기 때문이다. 원예활동은 다양한 형태의 '판단' 의 기회를 제공해 준다. 이것은 여러 가지 도덕적 판단을 요구하는 딜레마를 경험하게 해 주며 그 문제에 대해 원예치료사 혹은 동료들과의 토의를 통해서 다양한 관점을 인식하는 도덕적 발달을 돕는다. 예를 들면 아동들에게 남의 텃밭에 들어가서 식물을 밟게 되면 어떤 일이 생길까? 혹은 남의 밭에 함부로 들어가면 안 되는데 그 이유가 뭘까? 등 많은 문제 상황을 원예활동이 제공해 주며 이러한 상황에서 아동은 타인과 상호작용을 하면서 조망 수용 능력을 발달시키고

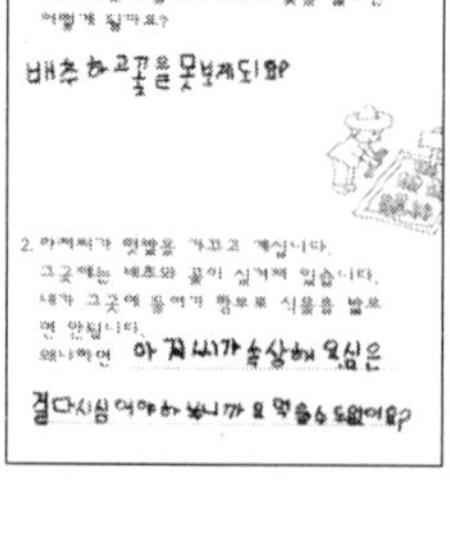

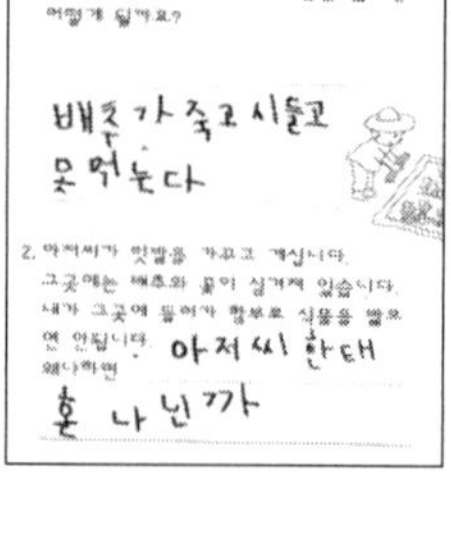

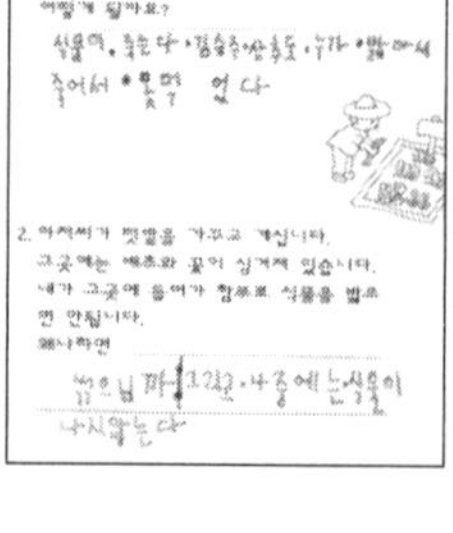

서로 다른 사람에게는 다른 규칙이 있다는 것을 알게 되면서 협동의 도덕성(morality of cooperation)으로의 점진적인 이동이 생긴다. 아래의 사진에서 그 예를 볼 수 있다.

이와 같이 사람의 도덕성은 사람과 사람사이에서, 사람과 사물과의 관계 속에서 일어나는 갈등을 해결하면서 발달하기 때문이다. 도덕적 발달에 대한 영향력 있는 이론이 Kohlberg(1988)의 도덕성 발달 이론인데, 그의 이론은 도덕적 딜레마를 담은 여러 이야기를 실험참가자들에게 제시한 후 참가자들의 대답을 분석하여 도출해 낸 것이다. 또한 다른 측면에서 도덕 발달이 근본적으로 역할 채택의 양식을 재구조화하는 과정이라면 도덕 발달을 자극하는 기본적인 사회적 투입은 '역할 채택의 기회' 라고 볼 수 있다. 역할 채택에 대한 제1 필수요건은 집단 또는 제도에 대한 참여이다. 의사소통은 역할 채택을 전제로 하는 것이기 때문에 참여란 부분적으로 집단 내에서의 상호작용 및 의사소통의 순수한 양의 문제이다. 그 외에 집단의 의사결정구조와 의사소통에서 개인이 중심부에 위치할수록 역할 채택의 기회는 증가된다. 개인이 집단 결정 및 집단에 영향을 미치는 자신의 행위에서 내려야 할 책임이 많을수록 그 개인은 집단 내 타인들의 역할을 더 많이 채택해야 한다. 그렇게 됨으로써 다양한 사람의 다양한 관점을 수용하여 집단이 모두 발달하고 건강한 방향으로 나갈 수 있게 된다. 이러한 상황은 가정에서 학교에서 혹은 공동체 집단에서 역할 채택의 기회와 다양한 갈등의 문제 해결을 해 봄으로써 성숙한 시민으로서 성장할 수 있다. 정원이라는 장소는 이 모든 기회를 제공해 준다.

자세한 도덕성 발달의 단계들과 그것의 특징들을 살펴보면 다음과 같다.

Kohlberg의 도덕성 발달 단계

수준	단계	무엇이 옳은가	옳은 것을 행하는 이유
수준 1. 인습 이전	단계 1. 타율적 도덕성	처벌을 받기에 규칙을 어기지 않는 것. 복종을 위한 복종 더 높은 권위에의 복종	• 처벌의 회피, 그리고 권위자의 우월한 힘
	단계 2. 도구적 목적, 교환	자기 자신의 이익이 될 때만 규칙을 따르는 것 자신의 이익과 필요에 부합되도록 행동하고 타인에게도 그렇게 하도록 하는 것	• 타인들도 제 나름의 이해관계를 가짐을 인정해야만 하는 세계에서 자신의 필요와 이해관계를 채우려 하는 것
수준 2. 인습적	단계 3. 상호 관계	자기에게 가까운 사람들에게 기대하는 바를 지키는 것. 즉, 아들, 형제 친구 등으로서의 일반적 역할 기대에 따라 행동하는 것 자신에게 의미 있는 사람의 기대에 따라 행동하기 시작하는 단계	• good boy, good girl-칭찬받으려고 행동 • 구체적인 행동 규범-자기를 다른 사람의 입장에 명확히 놓아보는 것
	단계 4. 사회체제와 양심	스스로 동의한 현실적 의무를 준수하는 것 공익을 위해서 모든 사람은 공동의 법이라는 시스템에 따라야 함을 인식 옳음은 사회, 집단, 제도에 공헌하는 것	• 제도의 전반적 기능을 인정. • 우리의 규정된 의무를 완수하려는 양심의 명령을 인식
수준 3. 인습 이후	단계 5. 사회적 계약 내지 유용성과 개인 권리	사람들은 다양한 가치와 의견을 가지고 있고, 대부분의 가치와 규칙들은 집단에 따라 상대적이다는 것을 의식한다. 이러한 관련이 있는 규칙들은 언제나 공명정대를 위해 또 사회적 계약이기 때문에 늘 유지된다. 생명과 자유와 같은 절대적인 가치와 권리들은 어떤 사회에서도, 그리고 다수의 의견과도 관계없이 유지되어야 한다.	• 법에 대한 의무를 의식한다. 왜냐하면 한 개인의 사회적 계약은 모든 사람의 권리보호와 모든 사람의 행복을 위해 만들어지고 지켜지는 것이기 때문이다. • 가족, 친구, 신뢰, 해야 할 일의 의무에 대해 자유롭게 맺은 계약상의 책임을 안다. • 전체 효용의 합리적인 계산 - '최대 다수의 최대 행복'에 기초한

		법과 의무에 대한 관심
단계 6. 보편적 윤리적 원리	스스로 선택한 도덕적 원칙에 따르는 것 특정한 법과 사회적 합의들은 이러한 원칙위에 성립하기 때문에 타당하다. 법이 이 원칙들에 위배될 때 우리는 원칙에 따라 행위한다. 이 원칙은 정의의 보편적인 공리: 즉 인권의 평등과 개인으로서 인간이 가지는 존엄성에 대한 존중이다.	보편적인 도덕 원칙들의 타당성에 대해서 이성적인 사람으로서 가지는 믿음, 그 원칙들에 대한 개인적 책임.

수준 1. 인습 이전 - 단지 개인 자신의 욕구와 지각에 근거하여 판단하는 것
수준 2. 인습적 - 사회와 법에 대한 기대를 고려하는 것
수준 3. 인습 이후 - 사회의 법에 의해 반드시 정의되는 것이 아닌 추상적인 판단보다 개인적인 원칙에 근거하는 것

2. 예방 공간에서의 원예치료 사례

1) 학교 정원

원예치료 환경에서 가장 중요한 위치를 차지하는 곳이 학교 정원이다. 학교의 본질인 교육(education)의 의미는 라틴어의 'e' 'ducare' 에서 온 말로서 '밖으로 끌어낸다' 라는 뜻이다. 즉 안에 있는 무한한 가능성을 밖에서 꽃 피우게 한다는 것이다. 이는 원예활동에서 씨앗이 본래 가지고 있는 잠재능력을 발휘할 수 있도록 환경을 준비하는 것과 같은 패턴을 보이고 있다. 그러므로 학교 정원의 목적은 각 교육기관에서 식물과 원예활동을 이용해서 학생들의 건강한 성장과 발달을 돕는 것이다. 학교 정원은 원예활동을 이용하여 관찰, 양육, 공유하기의 경험을 통해 자신과 자신의 주변환경에 흥미를 갖고 탐구하면서 사고의 영역을 자연스럽게 다른 학문과 연계하고 확장함

으로써 자신의 존재에 긍정적인 느낌과 배움의 기쁨을 갖게 된다.

학교정원은 식물을 키우고 사람, 식물, 야생 간의 관계를 배우면서 학생이 교사나 부모 혹은 이웃의 자원봉사자들과 함께 일하는 것을 배울 수 있는 환경을 제공하며, 학생들에게뿐만 아니라 그들의 부모와 이웃들에게까지 정원교육센터로서의 기능을 한다. 또한 특별한 종류의 교육현장이 될 수 있다. 즉, 도서관처럼 학교정원 역시 학생들이 배울 수 있는 기능적인 장소로서 자연환경 자체가 인간을 양육하기 위해 자연의 적합성에 대한 정보를 제공하면서 도서관과 정원의 기능을 연관지어 생각할 수 있다.

이와 같은 예방적 목적 하에 이루어지는 다양한 형태의 학교 정원의 모습들 중, 원예치료의 특징을 가장 잘 발견할 수 있는 사례는 미국 LA에 위치한 크랜쇼 고등학교의 예를 들 수 있다.

짐 허치슨 〈빈민가 학생들이 뿌린 희망의 씨앗〉

• 문 제

크렌쇼 고등학교는 2,700명의 학생 중 졸업을 하는 학생이 절반밖에 되지 않는 문제 학교였으며, 1992년 4월 로드니 킹 사건에 대한 평결이 있은 후 격렬한 방화와 살인 및 약탈 등 미국 역사상 최악의 인종폭동이 일어났던 곳 근처에 위치해 있었다. 그리고 그곳은 빈민가에 속했으며, 폭동이 일어난 후 그들은 더욱 가난해졌다. 그리고 그곳의 학생들은 아무도 자신을 자랑스럽게 생각하지 않으며, 집들이 불타고 잿더미에서서 모든 꿈을 잃어버리고 있는 상태였다.

이러한 현실을 본 교사 태미 버드는 학생들에게 잿더미 속에서 뭔가가 자라는 것을 보여주고 싶어 하였으며 이를 위해 여러 노력을 하던 중, 로스앤젤레스의 유명한 홍보 회사 중역인 멜린다 맥멀린을 만났다.

• 계 획

버드의 교실 뒤편에 있는 빈터에서 처음 만난 두 사람은 학생들을 채소밭에서 일하게 하는 것이 가치 있는 일이라는 데 의견을 같이 했다. 버드는 생명을 유지시켜 주는 식량을 재배하는 것이 치료 효과를 거둘 것이라고 생각했고, 맥멀린은 학생들에게 소유의식과 기업가 정신을 심어주고 싶었다. "사람들이 자기가 살고 있는 지역사회를 파괴하는 유일한 이유는 그 지역사회에 소속감을 느끼지 못하기 때문입니다. 비록 작은 땅조각이라 할지라도 이 학생들은 뭔가를 소유할 필요가 있습니다." 맥멀린은 주장했다.

그해 9월, 그들 두 사람은 학생들에게 방과후에 채소밭을 가꾸는 일을 해 보자고 제의했다. 참가 학생들에게는 과학 점수를 올려주겠다는 장려제도도 마련했다. 많은 학생들이 킬킬거렸지만 마침내 10여 명의 학생들이 자원했다. 이 중에는 이반과 제이널 그리고 칼라가 포함되어 있었다.

"이것은 너희들의 채소밭이 될 거야." 버드는 학생들과의 첫 모임에서 말했다. "너희들은 채소밭에서 무엇을 얻고 싶니?"

"우리는 지역사회에 뭔가를 되돌려주고 싶어요." 한 학생이 대답했다. 학생들은 투표를 통해 그 프로젝트의 이름을 "협동 농장 식품"으로 결정한 다음, 유기농법으로 채소를 재배해서 가난한 사람들에게 나눠주기로 했다.

• 실행과 변화

〈집합장소 1992년 10월 3일〉 학생들은 맥멀린과 버드가 사들인 농기구로 버드의 교실 뒤편에 버려져 있던 땅의 잡초를 제거하기 시작했다. 매일 수업이 끝나면 학생들은 건조해서 갈라진 땅에 삽질을 했으며, 뒤엉킨 잡초를 외바퀴 손수레에 가득 실어다 버렸다. 2주일 후 그들은 그 땅에 토마토, 호박, 고추 그리고 각종 약용식물의 씨를 뿌렸다.

아이들은 매일 텃밭에 나가 싹이 돋았는지 애타게 살펴보았다. 10일 후 칼라가 소리를 지르며 교실 안으로 달려들어왔다. "싹이 돋았어!"

모두가 달려나가 파릇파릇하게 돋아난 싹을 보았다. 다음 몇 주일 사이에 야채에는 꽃이 피고, 나비와 새들이 몰려들었다. 그러나 채소밭이 치료 효과를 제공하고 있다는 것이 더 값진 소득이었다. 라틴계인 칼라, 흑인인 제이널이 이제 어깨를 맞대고 공동의 목표를 위해 재미있게 일을 하고 있었다.

아이들이 많은 시간을 보내고 있는 야채밭을 찾은 부모들은 감동해서 소매를 걷어붙이고 일을 거들었다. 곧 학생들의 형제자매까지 모여들어 채소밭은 이제 이웃들의 집합 장소가 되었다.

다른 아이들은 그 학생들이 하고 있는 일을 비웃었다. "너도 그 채소밭에서 일을 한다고?" 한 학생이 비웃었다. 그러나 그들이 심은 농작물이 무성하게 자라나자 채소밭에 참여한 학생들은 초록의 오아시스 같은 그들의 채소밭에서 떨어질 줄 몰랐다. 참가 학생수도 30명으로 늘어났다.

〈어색한 분위기를 깨다 1992년 12월 18일〉 "협동 농장 식품"은 첫 수확을 거두었다. 크리스마스 이브에 학생들은 야채를 수십 개의 상자에 포장해서 그 고장의 식품은행(극빈자용 식량 저장 배급소)으로 가져갔다. 제이널은 그때의 감격을 이렇게 표현했다. "우리가 재배한 야채를 굶주리는 사람들에게 나눠주면서 나는 진정한 성탄의 정신을 느꼈어요."

버드와 맥멀린 그리고 학생들은 다음 몇 달 동안에 걸쳐 치밀하게 새로운 계획을 세웠다. 학생들은 그들이 재배한 야채 중 25%는 가난한 사람들에게 나눠주고, 나머지는 팔아서 본인들의 대학 진학시 필요한 장학금을 마련하기로 결정했다. 야채밭에서 더 많은 시간을 보낸 학생일수록 더 많은 돈을 장학금으로 비축하게 되는 것이다.

〈1993년 4월의 첫 번째 토요일〉 "협동 농장 식품" 티셔츠를 입은 6명의 학생들은 로스앤젤레스 교외의 부유층 지역인 산타모니카에 있는 농산물 시장으로 향했다. 학생들이 노점을 차리자 다른 상인들이 호기심 어린 눈초리로 그들을 바라보았다. 손님들은 학생들에게 눈길도 주지 않고 서둘러 지나가버렸다.

학생들은 처음에 머뭇거렸다. 그러나 한 1학년 학생이 지나가는 손님 앞으로 성큼 나가더니 손을 불쑥 내밀며 말했다. "안녕하세요? 전 벤 오스본입니다. 저희들은 대학 진학 자금을 마련하러 나온 크렌쇼 고등학교 학생들입니다."

어색한 분위기는 깨졌다. 곧 그들이 파는 농산물은 시장에서 불티나게 팔려나갔고, 파장 때에는 학생들이 가지고 온 농산물이 모두 팔렸으며 300달러의 이익이 남았다. 출발은 좋았지만 학생들은 좀 더 많은 돈을 벌어야 했다. 버드와 맥멀린이 그 사업에 5,000달러의 사재를 투자했는데도 6월까지 학생들이 그 사업을 통해 벌어들인 돈은 600달러밖에 되지 않았다. 이 돈은 졸업생들끼리 나눠 가져야 했다. 대학 진학 자금을 마련하겠다는 학생들의 꿈은 좌절되는 것 같았다.

"학생들은 수없이 실망을 해 왔습니다. 어디서 학자금을 마련해야 할지 잘 모르지만 그 대답은 채소밭에 있다고 확신합니다." 버드가 나중에 맥멀린에게 말했다.

• 지역사회와의 만남과 변화

〈샐러드용 소스〉 화요일 오후의 정례회의에서 맥멀린은 학생들에게 말했다. "우리는 돈을 벌 수 있는 다른 방법을 찾아야 해요." 궁리를 하고 있던 한 학생이 샐러드용 소스를 제안했다. "우리는 샐러드용 야채를 재배하고 있어요. 그러니 샐러드용 소스를 만들어 내는 것이 어떻겠어요?" 칼라가 동의했다.

맥멀린은 이 일을 하기 위해서는 전문인력과 창업 자금 그리고 그 일에 전념할 사람이 필요하다는 것을 알았고 그녀가 1년 동안의 휴가를 얻었다.

학생들이 과학실에서 약용 식물과 식용유와 식초를 가지고 실험을 하고 있는 동안, 맥멀린은 사설 공익기관인 로스앤젤레스 재건센터를 찾아갔다. 그 기관에서 일하는 사람들이 맥멀린에게 샐러드용 소스 제조회사인 스위트 애덜레이드와 접촉할 수 있게 해 주었다. 학생들이 맛있는 이탈리아식 혼합소스를 개발하자 스위트 애덜레이드 사는 상업적 생산에 필요한 조제법을 만들어 주었다.

그 후 재건센터의 창업 자금과 함께, 미국에서 가장 유명한 상표중 하나인 번스타인 샐러드 드레싱 회사의 창립자인 노리스 번스타인이 학생들이 만든 제품을 유통시키는 데 중요한 도움을 주었으며 그 사업의 마케팅 고문 역할도 해 주었다.

학생들은 그들이 만든 제품에 "협동 농장 직송 이탈리안 소스"라는 이름을 붙였다. 식품 중개회사인 브로마는 그 제품을 판매하겠다고 약속했다. 학생들이 슈퍼마켓과 전문점을 찾아다니면서 판촉활동을 벌이겠다고 나서자 맥멀린은 전미 텔레비전 판매 대표인 앨린 라너에게 부탁해서 학생들이 전문적인 의사소통 법에 대한 집중 훈련을 받을 수 있게 해 주었다.

라너는 학생들에게 말했다. "여러분은 몇 초 안에 시청자들에게 강한 인상을 심어줘야 합니다. '우리가 대학에 진학할 수 있도록 샐러드 소스를 사주세요.' 라고 할 것이 아니라 고객들에게 여러분이 팔고 있는 제품의 질이 우수하다고 말해야 합니다."

〈새 출발〉 정장 차림의 남자들에 에워싸여 처음으로 상품 소개를 하는 제이널은 떨렸다. 그러나 그 여학생이 제품과 판매 방법에 대해 해박하게 설명하자, 텔레비전을 보고 있던 캘리포니아 남부의 최대 식품 체인점인 본스 사의 수석 부사장 해럴드 루드닉이 큰 감명을 받고 그 소스를 구매하기로 결정했다. 다른 체인점들도 모두 그 소스를 사겠다고 나섰다.

1994년 4월 28일, 그 소스는 유명 상품들과 경쟁할 수 있을 정도로 큰 인기를 얻었으며 매출액도 증가했다. 학생들은 안도의 한숨을 내쉬었다.

1994년 9월에 열린 학생 소유자 회의에서 맥멀린이 영국의 찰스 왕세자가 로스앤젤레스에 온다는 소식을 전해 주었다. 찰스 왕세자는 농업과 젊은이들이 하는 일에 관심이 많은 것으로 알려져 있었다. 그들은 왕세자를 초청하였고, 왕세자는 그것을 기쁘게 받아들였다.

그런데 왕세자의 방문을 3주일 앞둔 어느 날, 학생들이 교무실 문을 열어보니 아수라장이 되어 있었다. 유리창이 깨지고 벽에서 전선이 뜯겨져 나와 있었다. 컴퓨터, 팩스, 프린터 등 돈이 될 만한 것은 모두 도둑이 훔쳐가고 없었다.

어떤 학생들은 망연자실해서 우왕좌왕 하고 있었고, 또 어떤 학생들은 울음을 터뜨렸다. 학생들은 이제 그들의 꿈이 산산조각났다고 생각했다. 벤 오스본이 침묵을 깨뜨렸다. "우리 생명을 앗아가지 않는 한 우리들은 더 강해질 뿐이야. 우리는 전보다 더 훌륭하게 다시 일어설 거야." 그는 단호하게 말했다.

도난 소식이 전해지자 지역 주민들은 분노했다. 몇몇 기업이 장비를 다시 구입할 수 있도록 자금을 지원해 주었으며, 교무실에도 사람들이 줄지어 찾아와서 도움을 주었다. 이튿날 저녁, "협동 농장 식품"은 다시 사업을 시작했다.

11월 1일 정오, 카를로스는 찰스 왕세자와 악수를 한 다음 교실과 교무실을 순방하는 왕세자를 수행했다. 학생들은 한때 수줍음을 잘 타던 칼라에게 왕세자를 채소밭으로 안내하는 역할을 맡겼다. 그 소녀가 확신에 찬 모습으로 자기들이 재배한 채소에 관해 설명하자 보도진들이 우르르 몰려들었다.

왕세자는 채소밭에서 재배한 채소로 만든 샐러드에 학생들이 만든 소스를 쳐서 채소밭에서 한가롭게 점심 식사를 했다. 왕세자는 음식을 남기지 않고 깨끗이 비웠다. "여러분의 채소밭은 정말 놀랍습니다." 왕세자는 학생들에게 말했다.

• 마무리와 새로운 시작

〈놀라운 성과 1996년 6월〉 카를로스가 졸업장을 받는 날, 카를로스의 어머니 미시디즈 로페스는 눈물을 글썽이며 버드를 껴안고 말했다. "우리 아이들을 바로잡아주셔서 감사합니다. 선생님은 학생들에게 열심히 하면 꿈을 이룰 수 있다는 것을 입증해 주었어요."

"우리는 신세대 기업가들이에요." 카를로스가 빙긋이 웃으며 말했다. 지금은 신문학을 전공하는 대학 2학년생인 카를로스는 협동농장에서 벌어둔 돈으로 대학에 다니고 있다.

현재의 신입회원들도 협동 농장을 통해 대학 진학의 꿈을 실현할 수 있기를 바라고 있다. 그들의 꿈은 허황된 것이 아니다. 지난해에 39명의 협동농장 소유자들은 1만 상자의 샐러드용 소스를 팔았다. 현재 협동농장에 참여하고 있는 25명의 학생들은 봉사기간에 따라 각각 3,000~1만 2,000달러의 학비를 벌 수 있을 것이다.

이제껏 채소밭을 가꾸는 데 참여한 학생들 가운데 고등학교를 졸업하지 못하고 탈락한 학생은 한 명도 없다. 이것은 크렌쇼 고등학교와 같이 빈민가에 위치한 학교에서는 놀라운 성과이다. 내세울 만한 학생 중에는 동물학 분야의 학위를 따는 것이 희망인 이반 로페스와 대학을 졸업하고 초등학교 교사가 되려는 꿈을 가진 칼라 베세라가 있다. CBS 방송국에서 학생 인턴으로 일한 제이널 그레이슨도 많은 사람들이 자랑스럽게 생각하는 학생으로 꼽힌다.

"학생들은 희망의 씨앗을 뿌린 것입니다. 그 결과 용기와 의지의 싹이 튼 것입니다. 채소밭에서 이렇게 좋은 것들이 자라날 것이라고 누가 상상이나 했겠습니까?" 교사 태미 버드는 말했다.

리더스 다이제스트. 1998. 4월. 발췌

학교 정원을 통해 학생들이 얻는 이득은 위의 사례에서 보여주는 바와 같이 희망, 그리고 앞으로의 삶에 대한 자신감과 기회 등 다양할 수 있다. 이것은 원예치료가 예방 공간에서 궁극적으로 목적하는 바를 실현한 것으로 볼 수 있는데, 이와 더불어 학교 정원에서는 다른 예방 공간에서의 원예치료와 구별되는 이득들이 있을 수 있다. 고등학교에서의 원예활동은 크게 두 종류의 경험을 얻게 된다.

첫째, 고등학교에서 원예활동은 개인의 학문적 기술 양성을 연습하도록 돕는다.

원예에 의해 얻어지는 정원 활동과 지식은 서로 통합되어 아주 만족할 만한 학문적, 실증적, 사회적 가능성을 보여준다. 더군다나 야외에서뿐만 아니라 교실 내에서도 가능한 일이다. 토양과 식물은 자연과 물리적으로 접촉하고 있고 생물학적 과정을 나타내며 이론적 원리의 구체적 예를 제공하고 있다. 정원은 예술적 영감의 원천이 될 수 있고 창조적 표현의 수단이 되며 장소와 때에 따라 그것을 만드는 학교와 학생에 따라 독특한 모습을 띤다. 다시 말해 각자 다른 학생들이 교육적 필요에 따라 만들어질 수 있고 다른 형태의 고등학교 교과과정에 맞게 변형된다는 것을 의미한다. 정원을 통해 고등학생들은 교실에서나 배우던 추상적인 과학방정식, 수학계산, 문제풀이를 보다 직접적으로 다루게 된다. 또한 묘사적, 설득적, 분석적 스타일 같은 다양한 식을 쓰는 방법도 이용한다. 학생들은 그들이 교과서에서 배운 이론들을 만들어 내고 지지하는 과정을 보고, 만지고, 분석하게 된다. 정원에서 일하며 배우는 동안 학생들은 중요한 문제에 더 가까이 접근하게 된다. 정원은 학생들로 하여금 그들의 능력과 노력, 지식을 나타낼 수 있는 다양한 방식을 제공한다. 또한 관계가 다양하고 자연적인 '장(場)'에서 문제를 해결하고 생산물을 얻을 기회를 포함한다. 이때 학생들은 그들의 언어적, 논리 수학적, 공간적, 근운동감각적, 상호적인 지적 능력을 사용하게 된다. 한 인간은 그의 뇌에 모든 분야의 과목이 함께 흡수하고 있어서 뇌에 입력된 것을 여러 의미 있는 패턴으로 조직화하려고 한다. 정원은 다른 과목들과 학습법을 결합시킨다. 즉, 정원 가꾸기는 실제 밖에서 비의 양이 채소의 성장에 어떻게 영향을 미치는지 알게 하고, 정원을 디자인하는 공간 배치는 땅의 경사에 대해서도 생각해 보게 하고 토양의 PH, 박테리아, 세포, 벌레와 지질의 물리학을 알게 하며 물의 특성과 그것이 생물에 미치는 영향에 대해서도 알게 된다. 학생은 양분을 공급하는 관리 하에 생물에 어떻게 자라고 변화하는지 경험하고 기록하는 일지를 쓸 수 있다. 일지를 쓰는 과정에서 문장력 기술과 컴퓨터에 기록한다면 컴퓨터 기술까지 습득한다. 식물과 생태환경에 대한 개념도 다루게 되며 그 결과 과학과 기술에 대해 잘 이해할 수 있다.

둘째, 고등학교에서 원예 활동은 공동체의 가치를 인식하도록 돕는다. 정원은 개인적 기술과 대인관계를 발달시키는 것뿐 아니라 공동체 의식도 고양시킨다. 그리고 그들이 살고 있는 지역의 향상을 위해 기여하기도 한다. 고등학교 정원은 모든 학생들에게 그것의 성장과 생산에 기여할 기회가 된다. 정원이 주는 적극적인 배움의 기회는 나이와 학문적 수준을 막론하고 모든 학생들에게 포괄적으로 적용된다. 인종과 계급, 신체적 능력에 따라 차별대우받지 않는다. 다양한 그룹이 주는 이점을 볼 때 학생들은 다른 사람들로부터 다양한 인생 경험과 조화, 기술을 배울 기회를 가질 수 있다.

2) 공동체 정원

예방 공간에서의 원예치료가 궁극적으로 목적하는 바는 건강한 발달과 삶의 질 향상이다. 공동체에서 이루어지는 원예치료 역시 개인들에게는 이러한 이점을 제공하면서, 또한 공동체 구성원들 간의 공유되는 경험을 통해 발전적인 공동체 문화를 이룩하는 것을 목적으로 할 수 있다.

1962년부터 시작된, 뉴욕 시 주택 당국이 거주자와 당국 사이의 대화와 교감을 증진시키기 위해 주최한 거주자 정원 콘테스트는 공동체 정원이 이끌어낸 긍정적인 결과들을 잘 보여주고 있다.

뉴욕 시 공공 주택 거주자들의 공동체 정원

오늘날까지 지속되고 있는 이 프로그램은 단순한데, 대회에 참가하기를 희망하는 거주자에게 그들의 건물 주변의 작은 땅을 지정해 주고 주택 당국은 원예에 대한 가르침의 형태 내에서 도움을 준다. 식물과 그 밖의 다른 자재들을 사기 위한 적은 액수의 돈을 각각의 참가자들에게 제공하고, 땅을 가는 데 도움을 줄 수 있는 인력을 제공하여 준다. 거주자는 자신의 정원을 디자인하고, 그곳에 쓰일 식물을 결정하고 그것들을 실내에서 씨 뿌리고 키우며, 또 식물들을 구입하기도 하는 등의 일을 한다.

대회에 참가하는 정원은 늦은 봄에 계획되며 여름 내내 지속된다. 유지는 물주기, 잡초제거, 가지치기와 거름 주기를 포함하며, 아울러 파괴 행위로부터 식물들을 보호하는 의무까지 포함한다. 8월에 심사위원이 우승 정원을 고르기 위해 정원들을 돌아다니며, 9월에 있는 도시 지도자들과 거주자 모임에서 수상여부가 결정된다.

처음 이 프로그램을 접하면, 단순히 기쁨을 위한 것이거나 장식을 하는 활동이라고 생각되기 쉬웠으나, 참가자들과의 대화 속에는 이 활동의 더 깊은 의미가 담겨 있다. 즉, 이 정원의 중요성이 꽃에게 있는 것이 아니라, 정원을 가꾸는 사람이 그의 식물에 대한 반응이라는 것이다. 한 참가자가 말하길 "이것은 내 일생에 있어서 첫 번째 창조물이에요."라고 한 뒤 덧붙여 그녀는 매일 도서관에 가서 원예에 관한 책을 공부했었다고 말하였다. 또한 맨해튼 하층민에 속하는 스페인계 여인은 "그들은 D거리에서 꽃을 키울 수 없을 것이라고 나에게 말했어요. 하지만 지금 보세요. 노인들이 매일 꽃을 즐기기 위해서 이곳으로 오잖아요." 한 거주자가 주택 공사에 보낸 편지 중에는 "무엇보다 가장 중요한 것은 우리 모두 서로에 대해 더 잘 알게 되었고, 모두 웃으며 우리의 정원에 대해 토론하였고, 그들은 비가 많이 오는 것과 충분히 오지 않는 비에 대해 걱정을 하였다. 그리고 또한 그들은 아이들이 파괴하는 대신 돌보는 것에 흥미를 느끼기를 바랐다. 당신은 이른 아침부터 늦은 밤까지 이웃들이 정원 펜스에 기대어 있는 것을 볼 수 있을 것이다. 이곳은 우리 모두가 친구가 되는 우리 활동 무대의 중심이 되었다."

해가 지날수록 이 대회의 정원은 사회적 활동으로 초점이 맞추어져 갔다. 결혼식 사진이나 졸업식 사진이 그 곳 중에서 좋아하는 곳에서 찍혀졌다. 이곳을 꾸미는 거주자들이 그들의 장식에 대한 자긍심이 대단함을 찾을 수 있었다.

파괴 행위와 다른 약탈 행위로 잘 알려진 빈민가 주변에서 이렇게 연약한 정원이 살아남을 수 있는 것은 대단한 궁금증을 불러일으키는데, 이것에 대한 대답은 참여하는 사람들 자신으로부터 나왔다. 한 그룹이 말하기를 그들은 누가 문제를 일으키는지 알고 있으며 그들에게 식물을 보호하는 일을 할당해 준다고 했다. 다른 거주자들은 서로 연합하여 정원 순찰 역할을 돌아가며 하고 만약 누군가 그들의 정원을 파괴하려고 하면 알람이 울리도록 했다고 한다. 사람들이 놀라워한 정원 중 하나는 일본풍의 정원인데, 그것은 연못과 다리, 돌, 오솔길, 그리고 벽돌 구조물로 이루어져 있었다. 이것은 사회사업가에 의해 참가하게 된 길거리 깡패인 십대들의 그룹의 정원이었다. 그들은 정원을 가꾸는 데 있어서 매우 부지런했으며 땅 가장자리와 오솔길을 만들기 위한 건축자재들을 도시를 가로질러 가져왔다고 말해 주었다. 유지는 꼼꼼하게 이루어졌으며 그들의 자부심은 명백하였다. 이 소년들은 각각 전과범이었다.

몇 년 후 주택공사는 정원 콘테스트에서 발생되는 기대하지 않았던 이득을 알게 되었다. 꽃과 채소들을 키운 공공 주택 거주자들은 서로 따뜻한 자부심과 친절함으로 연결되었다. 그들은 정원과 주변을 깨끗하고, 쾌적하게 유지시키도록 노력하고 있었다. 그들은 정원 관리인에게 부근의 정원의 잔디를 좀 더 자주 깎기를 요구하였고, 건물 관리인은 정원이 있는 건물은 잔디를 짓밟던 아이들이 대신 그 잔디들을 키우고 물을 주며, 거주자들이 더 이상은 창문 밖으로 쓰레기를 던지지 않는다고 보고하였다. 그리고 야만적인 파괴 행위가 건물 안과 밖에서 줄어들었다. 공공 주택이 파괴된 주변을 새롭게 계획하는 것은 보통의 경험인데, 거주자들이 주택 공사 당국에게 그 계획을 돕는 것을 허락해 달라는 요청이 시작되었다. 여름 대회에서 꾸민 그들의 정원에서 영감을 받아 거주자들은 개화기가 대회 정원이 계획되기 전인 봄꽃을 가꾸는 데 자신들의 자금을 이용하여 몇몇의 계획을 완성시켰다. 그리고 거주자들은 그들의 건물 로비에 식물들을 놓는 것을 허락해 달라고 요청하였고, 많은 계획을 세운 정원 모임을 조직하기도 하였다.

즉, 원예의 경험은 거주자들이 그들의 건물과 주변 환경에 대한 태도를 주인의 느낌으로 좀 더 능동적이고 긍정적으로 바꾸는 데 도움을 준 것이다.

Lewis(1976). 『*People - Plant Interaction*』에서 발췌

위의 사례는 정원 프로그램을 기획한 의도를 실현시킴과 동시에, 공동체에서 볼 수 있는 긍정적이며 생산적인 상호작용의 모습들이 함께 나타나고 있다. 공동체 구성원들 간의 의사소통이 증가하였고, 서로 다른 배경과 연령층의 구성원들이 서로를 더 잘 이해하게 되었다. 그리고 개개인의 삶이 더욱 풍요로워진 결과를 보였는데, 전체적으로 파괴 행위들이 감소하였으며, 자기 스스로 생산적인 일을 향한 움직임을 보였는데 그것의 예가 도서관에 가서 공부를 하였다는 한 여자의 말에서 발견된다. 여기에서 공동체 정원의 이득은 정원을 가꾸는 그 공간에 한정되지 않고, 그 영역이 점차 확대되어져 갔다. 공공 주택의 거주자들이 정원이라는 작은 공간에 대한 관심을 자신들이 생활하는 거주 공간, 그리고 더 나아가 거주 공간이 확장된 주변 환경으로 그들의 관심을 확장시킨 것이다. 이것은 그 공동체가 점차 풍요로워질 수 있는 계기를 마련하고 있는 것으로 판단할 수 있는데, 자신의 개인적 영역으로서의 작은 공간에 대한 관심이 확장되어 타인과 공유하는 공간으로 넓혀간다는 것은 서로를 받아들이고, 함께 살아가는 모습을 실현시키게 되는 것이기 때문이다. 이것이 공동체 정원의 효과이다.

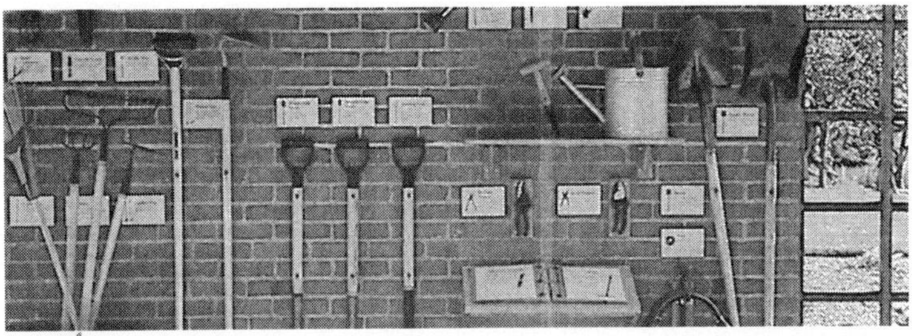

제9장

치료 및 재활 공간에서의 원예치료

1. 치료 및 재활 공간에서의 원예치료 접근 방법

치료의 접근 방법은 현재 널리 사용되고 있는 심리치료의 접근 방법에 바탕을 두어 이루어질 수 있는데, 크게 네 가지 방법을 들 수 있다. 첫째 정신역동적 치료는 정신분석을 근거로 한 방법으로서 무의식적 갈등을 강조하여 이루어진 방법이다. 둘째는 행동주의적 접근 방법으로 행동의 수정을 통해 치료를 이행하려는 방법이다. 셋째 인지적 접근 방법은 잘못된 사고를 수정함으로써 치료가 이루어진다는 관점이고, 마지막으로 인본주의적 접근 방법은 자유의지라는 개념을 주장하며, 폭넓고, 충만하고, 의미 있는 삶을 영위하도록 도와주는 것을 핵심으로 하고 있다. 이와 같은 네 가지의 치료 접근 방법들은 원예치료에서 모두 이용될 수 있는 기본적인 틀을 제공해 주고 있으며, 이 접근 방법들의 효율적이고 유동적인 사용은 치료를 더욱 효과적으로 만들어 줄 수 있다(Gleitman, H, 1999; 손정락, 2000).

각각의 접근 방법들에 대한 효과적인 사용을 위해, 기본 원리들을 살펴보면 다음과 같다.

1) 정신역동적 접근

이 접근 방법은 알려진 바대로 Freud의 정신분석에 의해 발전되어 온 성격의 이론과 치료 방법을 바탕으로 하고 있다. 정신분석의 치료 목적은 환자가 더 성숙된 방식으로 자신의 무의식적인 갈등을 이해하고 다루어 나감으로써 정신 내적인 갈등을 해소할 수 있도록 도와주는 것이다. 전통적으로 이루어지는 치료의 진행 방식은 개시단계 → 전이의 발달 → 통찰과 훈습 → 전이의 해결이다. 이러한 전 과정을 통하여 치료사는 내담자가 스스로가 겪고 있는 정신 내적의 갈등이 무엇인지, 그것이 어떻게 밖으로 표출되었는지 등을 이해하는 통찰을 이룰 수 있도록 이끌어 주게 된다(Gleitman, 1999). 또한 이러한 과정들의 반복을 통해 내담자로 하여금 갈등의 본질에 대한 통찰과 그것을 토대로 현실을 회피하거나 부인하지 않으면서 갈등 상황에 당면하고, 지나친 불안 없이도 반응을 할 수 있도록 하는 훈습의 과정을 거치도록 한다. 그리고 치료 과정에 대한 내담자의 이해를 마지막으로 치료를 끝내는 접근 방법이다. 원예치료에서 정신역동적 접근을 통한 치료는 대상자가 가지고 있는 무의식 세계에 대한 투사를 하도록 정원이라는 장소를 제공하고 다양한 원예활동을 이용해 자유연상, 해석, 저항의 분석과 전이(부모나 다른 중요한 사람과 관련된 생각이나 감정을 돌리는 것), 그리고 중화를 통해서 치료사는 대상자가 자신의 갈등이나 행동을 수정하고 표현하도록 돕는다.

2) 행동주의적 접근

행동주의적 접근은 Pavlov, Thorndike, Skinner 등의 행동주의 심리학자들에 의해 제시된 여러 조건형성의 원리들을 바탕에 두고 있다. 고전적 조건형성과 도구적 조건형성으로 불리는 행동의 원리들은 유기체의 내부에서 일어나는 현상들 보다는 외부에서 주어진 자극과 그것을 결과로 나타나는 행동들에 초점을 맞추고 있다. 따라서 치료에서 적용되는 행동주의적 접근은 외현적으로 나타나는 현상을 중심으로 행동의 학습과 그 결과에 치료적 접근을 기본으로 하고 있다. 즉, 이 접근 방법은 문제가 되는 행동들에 직접적으로 접근하여 그 행동을 수정하고자 하는데, 여러 가지 학습과 해소학습의 기법들을 사용한다. 이들 처치에는 대상자가 자신의 증상의 기원을 통찰하는 것을 도우려는 어떠한 시도도 들어있지 않는데, 그들의 관점에서 문제가 되는 것은 지금 여기에 드러난 행동이며 교정해야 할 것은 바로 그 행동으로 보고 있기 때문이다. 이에 따라 행동주의적 접근 방법에서 주로 사용되는 기법은 노출기법의 체계적 둔감화, 정적 강화를 사용한 행동의 증진, 문제 행동을 제거하기 위한 행동 수정, 모델링 등이 있다(손정락, 2000). 이 기법들은 모두 문제가 되는 부분의 행동을 개선하고자 하는 행동으로 바꾸도록 연습하는 방법을 기초로 하고 있다. 따라서 치료사는 대상자의 행동에 대한 지시와 더불어 그것의 연습을 격려하는 형태로 치료적 접근을 하게 되는 것이다.

원예치료에서 행동주의적 접근을 이용한 치료 방식은 다양하게 나타날 수 있다. 예를 들어 정신지체 청소년을 대상으로 한 원예치료에서 자신이 심은 식물을 성공적으로 키우는 것을 통해 책임감에 대한 의미를 주고자 한다면, 그들로 하여금 매일 물을 주는 행동에 대한 학습이 이루어지도록 지도해 주어야 한다. 매일 같은 시간에 같은 양의 물을 주는 것에 대하여 지속적으로 지도하며, 그것을 수행하였을 때 정적인 보상으로서 식물이 성장하는 모습에 대해 주의를 기울이도록 유도한다면, 대상자들은 식물을 돌보는 행위를 학습함과 동시에 책임감에 대한 의미를 깨달을 수 있는 것이다.

3) 인지적 접근

인지적 접근에 의한 치료는 대상자의 사고방식을 정면에서 접근하는 방식을 사용한다. 즉, 인지적 접근 방법을 사용하는 치료사는 대상자의 비합리적인 신념과 태도가 정서적인 스트레스의 원인이라고 보고, 그것들을 현실과 일치하는 합리적인 사고방식으로 대체시키려 한다. 이러한 방식은 겉으로 보기에는 정서적 통찰을 추구하는 정신분석과 유사한 듯 보이나, 행동주의적 접근 방식과 유사한 특징들을 많이 갖고 있는 접근이다. 인지적 접근 방법의 주요 기법들은 대상자의 부적응적 사고 속에 내포되어 있는 모순들을 대상자가 직면하게 하는 것으로, 치료사의 적극적인 개입에 의해 이루어진다.

원예치료에서 인지적 접근을 통한 치료는 대상자가 지니고 있는 인지적 틀에 대한 개입이 이루어짐으로써 수행될 수 있다. 구체적으로 나타나는 인지의 틀로서, 식물을 바라보는 사고방식에 대한 개입이 가장 쉽게 이루어질 수 있는데, 만약 대상자가 키우는 식물이 시들어갈 때, 대상자가 '이 식물은 이제 끝이야. 죽어버릴 거야.' 라고 반응을 한다면, 치료사는 대상자로 하여금 식물의 변화 가능성에 대한 언급을 통해 대상자가 그 변화에 관심을 갖도록 유도할 수 있다.

4) 인본주의적 접근

인본주의적 접근은 개인을 보다 총체적 수준에서 다루고자 하며, 인간을 소거되어야 할 조건반사들의 덩어리로 보거나 해소되어야 할 무의식적 투쟁들의 집합체로 보지 않고, 많은 사람들 속의 한 개인으로서 이해되고 전체적 삶의 맥락 속에서 이해되어야 하는 전인적(全人的) 존재로서 바라본다. 따라서 이 접근은 개인의 자유의지 이외에도 자기 실현을 향한 욕구를 강조하고, 우리 모두가 환경의 장애를 받거나 다른 사람들이 부과한 조건부 가치에 의해 방해를 받을 수도 있지만 자신의 잠재력을 최대로 발휘하려는 기본적 욕구를 가지고 있다고 본다. 그러므로 이 접근 방법을 취하는 치료사는 개인이 지니고 있는 잠재력을 구현시키는 안내자 역할을 하게 된다고 설명한다. 인본주의적 접근 방법에서 대표적인 기법은 내담자 중심 치료라고 불렸던 인간 중심 치료, 게슈탈트 심리치료, 실존적 심리치료가 있다. 인간 중심 치료는 Rogers가 중심이 되어 성립된 방법으로, 치료사가 일치성, 긍정적 존중 및 공감적 이해 등의 태도를 유지한다면 그로 인해 내담자에게는 성장을 향한 변화가 일어난다고 설명한다. 이 설명은 인간중심 이론이 가지고 있는 기본적인 견해인 자기실현을 향한 인간의 경향성에 근거를 두고 있다. 게슈탈트 심리치료는 1940년대에 F. Perls에 의해 창시된 방법으로, 개인의 자기 내에 존재하는 양극성 혹은 이분법의 통합에 초점을 맞추는 치료 접근이다. 이러한 접근에서 치료사의 주요 과제는 내담자로 하여금 지금-여기에 존재함을 충분히 경험하도록 도와주는 것이다. 이 치료에서는 해석을 하지 않으며 내담자 스스로 자기 행동의 의미를 찾도록, 그리고 과거에 '끝내지 못한 일'을 현재 직접적으로 경험하도록 격려한다. 마지막으로 실존적 심리치료는 Frank에 의해 제시된 방법으로 우리가 단지 인생의 수동적 희생자가 아니라 선택을 하고 우리 인생의 주요 부분을 변화시킬 수 있는 존재임을 깨닫도록 도와주는 방법이다.

원예치료를 하는 과정에서 치료사가 지녀야 할 가장 근본적인 치료의 철학적 기반이 될 수 있는 인본주의적 접근은 구체적인 활동을 통해서 실현될 수 있다. 예를 들어, 대상자가 키우는 무씨를 해가 잘 들지 않는 그늘에 두었을 때, 그 싹이 햇빛이 있는 방향으로 휘어져 자라는 모습을 보인다면, 치료사는 대상자로 하여금 그들이 어떠한 방향을 향해 성장해 나가는 모습에 관심을 갖도록 유도할 수 있다. 이것은 사람의 삶에서도 어떠한 희망이나 삶의 의미를 찾고 그것을 향해 나아가는 모습으로 바꾸어 생각할 수 있도록 자극을 주는 의도가 포함될 수 있고, 대상자는 그것에 대한 통찰을 통해 자신의 삶도 그렇게 가꾸어 나가려는 연습을 하게 될 것이다.

각각의 접근 방법들이 원예치료에서 활용되는 방식은 다양할 수 있다. 특정 대상자를 위한 원예치료에서 한 가지의 접근 방식이 유용할 수도 있으나, 각 접근 방식들의 장단점에 대한 이해를 토대로 그것을 적절히 활용하는 방식이 더 효과적일 수 있다. 즉, 원예치료의 대상이 되는 사람들의 특성과 요구에 따라 원예치료사는 유동적이며, 합리적으로 각각의 접근 방법에 대한 통합적 활용이 요구되는 것이다.

마지막으로 위와 같은 다양한 관점의 치료 접근 방법들은 공통적으로 기반을 삼고 있는 주제들이 있는데, 이것 또한 심리치료에서와 마찬가지로 원예치료에서 치료의 적용 방식에서 기본적으로 고려해야 하는 중요한 주제들이 될 것이다(Gleitman, 1999).

원예치료에서 고려해야 할 주제들

정서적 해제 대부분의 심리치료에서는 어느 정도의 정서적인 변화를 목표로 삼고 있다. 이는 치료에 참여하는 대상자들이 보이는 정서 반응들에 대하여, 그 정서 반응을 완화시키거나, 현실적인 것으로 변화시키도록 유도하는 것에 목표를 두고 있는데, 이를 위해 치료사는 치료가 진행되는 회기 중에 일부러 그 정서들을 유발시키기도 한다. 그리고 그렇게 유발된 정서들에 대해 허용적이고 판단을 내리지 않는 치료사의 태도를 통해 대상자가 보이는 정서적 반응들은 상당히 약화될 수 있다.

원예치료가 진행되는 과정에서 대상자가 분노의 감정을 강하게 느끼고 있다면, 그것을 원예활동이 이루어지는 공간에서 허용된 방식으로 표출하도록 유도함으로써 그 감정을 완화시키고 현실적인 것으로 변화시킬 수 있다. 예를 들면, 정원의 땅 고르기와 같은 육체적인 움직임이 있는 과제에 참여하도록 하는 방법이 이용될 수 있는 것이다.

대인관계 학습 모든 치료 접근 방법들은 대인관계의 학습에 대한 중요성을 강조하고 있으며, 치료가 이루어지는 상황이 대인관계의 학습을 위한 중요한 도구가 될 수 있다고 본다. 이 관계를 통해 환자는 자신이 남들에게 어떤 식으로 반응하는지를 알게 될 뿐 아니라 새롭고 보다 나은 반응 양식들을 찾아서 연습할 수 있게 된다.

원예치료가 이루어지는 모든 상황은 기본적으로 치료사와 대상자가 참여하며, 대상자들이 집단을 이루어 함께 참여할 수 있는 매우 유동적인 상황이다. 따라서 대상자는 치료사, 다른 대상자들과 접촉이 이루어지며, 이것은 대인관계를 맺는 기회가 될 수 있다. 이러한 대인

관계에서 원예를 주제로 한 관계 진전은 대상자로 하여금 부담을 느끼지 않고 편안하게 받아들일 수 있고, 그것에 주의를 기울여 자기 자신을 연습시킬 수 있는 유익한 상황이 된다.

자기에 대한 지식 각각의 치료 접근 방법들이 목표로 하고 있는 치료 대상자 자신에 대한 지식에는 차이가 있으나, 모든 대상자가 자기에 대해 많은 것을 알도록 돕는다.

원예 활동을 하는 과정에서 식물이라는 생명체를 양육하고, 이용하는 것의 가장 큰 이점은 식물의 생명주기를 통해 자기 자신의 생명주기를 추론해 볼 수 있는 것이다. 이것을 통해 원예치료에 참여하는 대상자는 자신의 현재 위치와 앞으로의 방향에 대한 이해를 얻으며, 그것을 토대로 또 다른 자기 지각이 이루어질 수 있다.

단계적 과정으로서의 치료 모든 종류의 치료 접근은 대상자의 문제 해결이 점진적인 과정에 의해서 일어난다고 본다. 이는 급작스러운 변화를 나타내는 것이 아니라, 각각의 치료 접근들이 이행되는 단계적인 과정으로 새로 발견한 통찰과 기술을 대상자 자신이 처한 상황들에 열심히 적용하고 실천해야 하며, 그렇게 함으로써 그것들을 완전히 자신의 것으로 만들어 가는 과정에서 그 효과를 보여주는 것이다.

원예치료 상황 또한 점진적으로 발전해 가는 방향성을 지닌 하나의 과정으로 볼 수 있다. 하나의 원예활동을 통해 대상자가 전체 과정에서 얻을 수 있는 것을 모두 얻을 수는 없다. 예를 들어 자아존중감은 꽃을 화분에 옮겨 심는 활동 하나로는 달성될 수 없는 치료의 효과이다. 방향성이 계획된 다양한 활동들을 통해 자신이 무엇인가를 이루었다는 물리적인 결과와 함께 지속적으로 주어지는 타인에 의한 인정과 수용 등이 바탕이 되어, 대상자 스스로의 노력과 더불어 나타날 수 있는 마지막 결과물이 자아존중감이 되는 것이다.

사회적으로 용인된 진료 대부분의 심리치료를 통해 대상자는 비구체적인 이득들을 얻게 되는데, 비구체적인 이득들 중 하나는 다른 사람과 친밀하고 신뢰적인 관계를 형성하는 것이다. 이것만으로도, 남들과 긴밀한 관계를 맺지 못하는 사람들에게는 도움이 될 것이다. 또 다른 이득은 자신이 나을 것이라는 희망이다. 희망을 가지면 대상자는 자신을 더 좋게 생각하게 되고, 나아가 외부 세계에서 작은 성취를 이룰 수 있으며, 이것이 앞으로의 희망을 더욱 많이 갖게 하여 다른 성공의 기회도 더욱 증진시킬 수 있다.

원예치료가 이루어지는 상황이 대인관계의 연습을 할 수 있는 유익한 기회가 될 수 있으며, 이것을 토대로 대상자들은 친밀하고 신뢰적인 관계의 경험을 가질 수 있다. 또한 자신이 치료의 과정에 참여한다는 사실만으로도 대상자에게는 희망이 될 수 있으며, 식물을 돌보는 행위를 통하여 누군가의 도움에 의해 잘 성장해 나가는 존재에 대한 경험이 대상자로 하여금 또 다른 희망을 가질 수 있게 한다.

2. 치료 및 재활 공간에서의 원예치료 사례

치료 및 재활의 공간에서 원예치료는 식물을 기르고 환경에 대한 인식을 발달시킴으로써 자기 자신을 긍정적으로 느끼는 법을 배운다든지 자연에 대한 호기심과 경외감을 발견하게 되는 도움을 준다. 또 노령자들에게는 삶에 대한 욕구와 무엇인가 의미 있는 일을 하고 싶은 욕망을 일으키게 한다. 식물이 있는 환경은 환자들의 기분을 바꾸어 주며 부정적인 감정들은 생산적인 활동을 통해 전환되어 긍정적인 관점, 자신감, 자존감을 증가시키게 되며 식물의 라이프 사이클은 우리들에게 삶에 대한 지난날의 실수를 다시 반복하지 않도록 일깨워 주며 희망과 다시 시작할 수 있는 기회를 제공한다. 이렇듯 원예치료는 양육과 돌봄을 필요로 하고 식물과 원예활동을 이용해서 사고를 자극하고 신체를 운동시키며 살아 있는 것들에 대한 인식을 북돋워 주는 작용을 하게 된다. 치료공간에서 성공적으로 원예치료 프로그램을 진행하기 위한 원동력을 Hewson(1994)은 다음과 같이 설명한다.

① 팀워크로 이뤄지기 때문에 다른 직원들과의 우호적인 관계가 필수적이다.

② 독성이 없고 쉽게 자라는 식물을 사용한다.

③ 모든 대상자와의 상호작용은 비밀성을 가져야 한다.

④ 자원봉사자의 도움을 활용한다.

⑤ 경과 기록이나, 연중계획표를 보존해서 프로그램에서 사용된 가장 좋은 활동과 식물을 결정한다.

⑥ 견학(식물원, 공원, 원예전시장)은 대상자, 직원, 자원봉사자에게 자극을 준다.

⑦ 영화 관람이나 특별강연은 프로그램 범위를 넓혀주고 새로운 자극을 주며 일상적인 활동에 변화를 준다.

⑧ 필요한 비용을 얻는 데 문제가 있을 때는 원예 관련 물품 공급업체와 연결해서 기증받거나 가격 할인을 요청한다.

⑨ 화원과 꽃을 기증해 준 가족에게 감사의 글을 보냄으로써 그들의 도움에 감사함을 나타낸다.

⑩ 성공적 프로그램의 열쇠는 스스로 편한 마음으로 대상자와 즐기는 것이다.

1) 정신과

정신과적 장애를 지닌 대상자를 위한 원예치료의 접근 방식에 대해서 현재까지의 연구들은 대부분 인본주의적 접근의 방식을 취하였다. 그 외의 행동주의적, 정신역동적, 인지론적 접근 방식을 이용한 원예치료의 실제들에 대해서는 연구되거나 보고된 사례가 거의 없으며, 이것이 추후의 정신과적 장애를 지닌 대상자를 위한 원예치료가 넓혀가야 할 부분이다. 여기에서는 몇 개의 정신과적 진단 항목에 대한 현재 적용이 많이 이루어진 인본주의적 접근에서의 대상자 이해나 접근, 그리고 그에 따른 목표들을 살펴보고, 이해를 도울 수 있는 사례들을 제시하고자 한다.

정신과적 장애의 많은 수를 차지하고 있는 정신분열증과 우울증/정동 장애, 알코올 및 약물 중독을 중심으로 개략적인 진단적 특성과 그 진단 항목으로 분류된 대상자들에게 있어서의 원예치료가 갖는 효용, 그리고 원예치료를 실시할 경우에 설정할 수 있는 치료 목표 및 목적을 설명하면 다음과 같다.

(1) 정신분열증

일반적으로 정신병 부분에서 많은 그룹의 장애들이 6개월 이상의 언어와 의사소통, 사고, 지각, 감정 및 행동 장애 특성을 나타낸다. 사고 장애는 현실의 오해, 잘못된 생각을 유발하거나 망상, 혹은 환상을 일으키는 개념 형성 변화에 의해 나타난다. 또한 이중 경향, 둔감, 부적절함, 및 타인과의 공감 상실 등을 포함하여 감정이 변화하며 행동은 후퇴적이고 위축된다.

① 원예치료를 통한 효과

원예치료 프로그램은 원예 작업 및 원예 관련 활동을 사용하여 대상자의 최적 수준의 기능을 유지시키거나 극대화한다. 온실, 정원 및 식물 주변의 비위협적 환경을 통해서 대상자는 자기존중감과 독립성을 쌓을 수 있다.

② 원예치료의 목표 및 목적

작업 장소(온실, 정원 및 활동실)는 모든 대상자에게 조용하고 편안한 분위기를 제공함으로써 그들이 병원에 적응할 수 있도록 도울 수 있다. 이러한 치료 환경은 대상자의 성공과 계속적인 치료 참여를 위한 상태가 되게 한다. 사용되는 식물은 색채가 풍부하고 독성이 없는 것이어야 한다. 색, 향기 및 촉감을 갖는 식물 재료는 사고 장애를 변화시킬 수 있고 현실감을 자극시켜 줄 수 있다. 밝은 색, 촉감과 향기를 통해 감각이 자극받고, 현재 무슨 일이 일어나는지에 대한 감각이 회복된다.

정신분열증 대상자들은 보통 많은 시간을 병원에서 보내면서 "무관심에 대한 학습화된 감각"이 발생할 수 있다. 이러한 대상자가 치료에 참여하도록 동기를 주기 위해서는 협조적인 태도와 돌봄에 대한 인식이 요구된다. 이것은 식물과 관련된 도구들이 쉽게 구별되는 잘 정리된 작업 공간에서 구조와 안전에 대한 감각을 증진시킴으로써 성취될 수 있다. 다른 대상자, 자원봉사자들과 함께 그룹 활동을 하는 것은 적극적이고, 대인적인 경험을 증가시킨다. 프로그램에 참여함으로써 대상자는 활동 수준을 높이고, 주의 지속시간을 증가시키며 적절한 행동을 발달시킨다.

땅을 파거나, 흙을 섞거나, 토분을 작게 부수는 일 등은 불안과 스트레스의 실용적 분출구를 제공한다. 식물은 양육과 관심에 반응하는 실재적이고 물리적인 매개물이 된다. 식물의 재배는 자기 존중감을 증진시키고 기능 수준을 향상시키는 결과를 가져온다. 채소나 허브의 재배와 같은 기술은 대상자가 자신들이 먹을 것을 직접 키움으로써 영양소에 대해 배우고, 그들의 여가 시간을 잘 이용할 수 있도록 도와준다.

(2) 우울증/정동 장애

정동 장애는 변화가 많은 장애의 한 종류이다. 주요 증상은 조증, 혹은 울증의 주기적 변화인데 보통 다른 특징적 증상에 수반된다. 경증의 우울 장애 증상은 공포증, 강박관념, 불안 및 히스테리를 포함한다. 주요 정동 장애 증상은 인식과 판단 손상을 일으키는 망상과 환상을 포함한다.

① 원예치료를 통한 효과

원예 환경은 비위협적 상태를 제공함으로써 대상자의 기분을 변화시키고, 감정적 안정을 증가시키거나 회복시킨다.

② 원예치료의 목표 및 목적

대상자에게 협력적이어야 한다. 관심과 긍정적 관계를 만들고, 대상자의 기분을 판단함으로써 행동을 향상시키거나 변화시킬 수 있도록 활동을 구성해야 한다. 적절한 환경을 제공함으로써 부정적인 생각을 하지 않는 건강한 태도를 증진시킨다. 건강하지 못한 식물은 대상자가 식물의 성장에 영향을 끼치는 원인과 문제들을 이해하는 데 도움을 주기 위해서 사용되곤 한다. 이러한 분석은 대상자가 자기 삶의 문제 부분에서 자기 반성적으로 바라볼 수 있는 기회를 준다. 그렇게 함으로써 그들은 정신적으로 건강해 지는데 도움을 받을 수 있다는 결론에 도달할 수 있다. 자신감과 자기존중감을 증가시킬 수 있는 과제를 이용하여 자기 자신을 다른 사람들로부터 분리시키려는 경향이 있는 대상자와 어울리고 상호작용한다.

공격적 에너지와 부족한 수면 경향을 보이는 대상자에게는 땅파기, 괭이질 혹은 전정과 같은 신체적 활동을 제공한다. 잠을 잘 수 없는 대상자들은 밤에만 피는 케레우스[16](야간 개화 선인장)이나 일몰 무렵에 강한 향기를 내는 니코티아나[17](꽃담배) 등을 좋아하고 호기심을 갖게 될 것이다. 이러한 식물들은 흥미롭고 실제적인 시간 사용을 자극한다.

창조성과 상상력을 자극하기 위해 다양한 범위의 화훼 과제를 제공하고 주의 지속시간이 제한되어 있는 대상자의 집중과 기능 수준을 높이기 위해서는 도전적이고 흥미로운 과제를 사용한다. 단기 과제는 즉각적인 희열을 이끌어내고, 만족과 자기 가치에 대한 인식의 증가를 보장한다.

우울증 – 사례 1, 2

• 최근에 유방 절제술을 받은 한 전직 모델은 자살에 대해 상상하는 심각한 우울증이라는 진단을 받았다. 식사 및 수면 불량이고, 활동이나 삶 자체에 대해 거의 흥미가 없는 증상을 보이며 울고 자포자기 한 시기도 겪었다.

이 대상자는 원예치료 프로그램을 하도록 보내져서 식물을 심고 돌보는 작업들을 하게 되었다. 이것은 그녀에게 확실히 적합하지 않아서

16) cereus: 케레우스 속으로 선인장과에 속하는 이 식물은 서인도로부터 남아메리카가 원산지로 약 36종이 있다.

17) Nicotiana: 속명의 니코티아나는 포루투갈 주재 프랑스 영사가 처음에 포루투갈 및 프랑스에 담배를 소개한 Jean Nicotc(1530~1600) 씨의 이름에서 시작되었고 가지과에 속하는 이 식물은 북아메리카, 중앙아프리카, 남아메리카가 원산지이며 대부분 1년초이다.

점점 더 우울해지고 위축되었다. 다음으로 화훼 디자인을 포함한 프로그램을 시작하였는데 여기서 그녀는 색, 아름다움, 그리고 디자인과 접하게 되었다. 짧은 기간동안 그녀의 기술 수준은 훌륭하게 되었고 자신이 고안한 디자인 작품을 아주 자랑스러워했다. 그녀는 보다 자신감 있어 보였고 삶에 대한 태도도 보다 긍정적이 되었으며 우울한 정도가 감소되었고 에너지와 활동 수준은 증가하였다. 퇴원하기 전에 그녀는 지역 화원을 찾아가 다른 디자이너들과 대화를 나누면서 사업에 대해 생각하게 되었다. 그 후 자신의 화원을 열었고 이것은 잘 운영되고 있다. 이 대상자는 비록 아름다움 중 일부를 잃었지만 이제는 미를 창조하고 그녀의 삶을 확장시켰다는 것을 깨달았다. 신체적 아름다움은 사라지거나 줄어들지만 내적 아름다움과 가치는 창조성과 상상력을 통해 길러지고 향상된다.

이 대상자는 처음 원예치료에서 그저 작업 동작을 했을 뿐이고, 이것은 아무 효과도 없었다. 이것을 파악한 치료사는 자기애적 만족감을 필요로 하는 그녀에게 적합한 보다 창조적인 작업이 많이 포함된 활동으로 옮겨 주었다. 그녀는 자신의 아름다움을 잃지 않았으며 창조적 기술과 태도의 변화를 통해 자기 가치와 내적 아름다움을 발견하였다.

• 한 노령의 남자는 부인의 죽음으로 인한 반응성 우울증 진단을 받았다. 그도 한때는 부지런히 일하는 것을 좋아하는 매우 활동적인 사람이었다. 불행히도, 부인의 죽음은 그를 삶에 대해 거의 관심 없이 우울하게 만들었다. 비활동적인 생활과 운동 부족은 그를 약화시켰다. 이러한 그는 원예치료 프로그램에 보내졌고 격려를 받으면서 식물의 번식에서부터 용기 혹은 높인 화단에서의 채소 식재에 이르는 범위의 활동을 할 수 있었다. 치료사는 그가 은퇴 전 수년간 농부였다는 것을 알게 되었고, 그는 자신의 경험과 기술을 다른 사람들과 나누며 즐거워했다. 그는 병원에서 퇴원한 후, 높인 용기와 플랜터를 자신의 발코니에 만들었으며 이 활동은 오래전 작업 기술을 사용하여 아름다움과 자신 이외의 다른 어떤 것을 돌보는 또 하나의 기회를 제공하였다.

이 대상자는 자기 삶의 많은 것을 잃은 결과로 반응성 우울증 진단을 받았다. 이 사건은 그를 좌절시켰고 아무 희망도 갖지 못하게 만들었으나 치료 프로그램은 그의 힘과 능력을 발견할 수 있는 기회를 제공하였다. 그는 과거의 작업 기술을 재 연결하여 잃은 것에 대해 생각하는 정도를 변화시켰고, 자신에게 목적과 희망에 대한 인식을 주었다.

Hewson(1994). 『*Horticulture as Therapy*』에서 발췌

(3) 알코올 중독

알코올 중독자는 음주의 결과로 문제를 경험한 사람이다. 그 문제는 개인적, 사회적, 경제적-직업적, 혹은 법적 문제일 수 있다.

① 원예치료를 통한 효과

원예치료는 다양한 활동을 통해 대상자의 흥미를 자극하고, 진행 중인 치료를 촉진한다. 원예 기술을 통해 자기존중감과 가치에 대한 인식이 증진될 수 있다. 이 치료 환경은 다른 바쁘고 소모적인 치료 방법보다 여유가 있으며 실용적 기술을 발달시키므로 퇴원 후 사용할 수 있고 시간을 잘 활용하게 되므로 부정적인 생활양식이 변화된다. 또한 신체적 혹은 창조적 활동을 통해 스트레스가 해소되며 허브와 채소 재배를 통해 적절한 영양소 섭취가 향상된다. 이렇듯 정원 일을 하고 신선한 공기 및 태양을 받음으로써 신체적 건강을 기르거나 유지하고 식물을 다루는 일은 새로운 학습 경험이 되어 지적 자극을 제공한다. 대상자는 이 과정에서 살아 있는 식물 재료의 양육과 보호를 배운다.

알코올중독 -사례3

40대 초반의 한 남자는 알코올 중독이라는 진단을 받았다. 알코올 남

용으로 그는 직장과 가족관계에서 불안정한 상태였다. 온실에서 일하던 그는 식물에 지나치게 물을 많이 주었을 때 나타나는 효과, 특히 커다란 옥(jade)[18] 식물의 모습에 놀랐다. 그 식물은 점점 누렇고 병약하게 되었으며 이와 연관하여 자신의 병의 진행으로 인해 자신에게도 똑같은 일이 일어나고 있었다는 것을 깨달았다. 이것은 자신의 알코올 중독을 인정하도록 도와준 공생 관계였다. 퇴원 후 그는 생활방식을 바꾸어 정원 가꾸기와 근처 조경에 여가 시간을 사용하고 있다. 이와 더불어 현재 그는 안정된 직장생활을 하고 있으며 가족 간에 강한 유대를 형성하고 있다.

이 대상자는 자신이 알코올 중독이라는 사실을 발견할 필요가 있었다. 이 남자의 인생의 전환점은 그가 돌보다 지나치게 물을 많이 주어 오히려 악화된 식물에서 얻어졌다. 이러한 유사성이 자신의 약물 남용의 원인과 결과를 이해하는 데 도움을 주었다. 그 결과 그는 여가 기술과 과거에서 얻은 자기 가치를 발견하게 되었다.

Hewson(1994). 『*Horticulture as Therapy*』에서 발췌

---

18) 보통 크라슐라 포투리게아(Crassula Portulacea Lam.)를 jade식물이라 한다.
크라슐라 속(屬): 속명의 크라슐라는 라틴어의 Crassulus, "약간 두껍다"는 뜻으로 주로 아프리카 지역이 원산이다. 본 속은 주로 서남 아프리카 및 케이프 주 남부와 서부에 300종 이상이 난다.

2) 교도소

교도소에서 이루어지는 원예치료가 담을 수 있는 의미는 다양하다. 재활의 의미, 치료의 의미 그리고 예방의 의미까지 포함시키면서 대상자가 스스로 삶의 의미와 희망, 그리고 나아가 자신의 삶을 변화시킬 수 있도록 자극해 줄 수 있는 좋은 치료가 이루어질 수 있는 특징을 보인다. 원예치료가 이와 같은 방향으로 나아가도록 하기 위해서는 치료를 계획하는 치료사의 시각이 중요한 요소로 작용을 할 것이며, 사회에서의 적극적인 지지와 수용이 함께 이루어져야 그 의미를 실현시킬 수 있을 것이다.

국내에서는 교도소에 수감된 대상자들을 위한 원예치료의 제공이 활발하지 않으며, 보고된 사례가 미흡하다. 이는 사회적 인식에서 그 수용 정도가 아직은 부족한 것에 기인한다고 볼 수 있으나, 앞으로의 전망은 미국의 사례에서 그 가능성을 발견할 수 있을 것이다.

샌프란시스코 제7감옥

샌프란시스코 경찰의 보조자인 캐더린은 정원 가꾸기가 수감자들에게 자신들의 삶을 재점검하고, 그들의 에너지를 보다 생산적이고 보상받을 수 있는 일에 사용할 수 있도록 동기를 부여한다고 생각하였다. 따라서 샌프란시스코 제7감옥에 있는 수감자들은 감옥의 12에이커의 쓸모없는 땅을 가꾸게 되었다. 그들이 일구어 놓은 정원은 연간 120톤의 채소와 과일을 생산하고 있다. 대부분의 수감자들은 도시 출신이어서 6개월 내지 8개월의 선고를 받은 학교 중퇴자들이었다. 그들은 반복되는 재생교육으로 일반적인 감옥요법에 어려움을 겪어 왔었다. 말컴은 이 프로그램에서 젊은이들의 인생이 변화하는 데 어떤 감동을 주는지 다음과 같이 대답했다.

"나는 그들이 또 다른 방법으로 자신들을 볼 수 있다고 생각한다. 그리고 그들의 삶 속에서 다른 어떤 것도 이것을 할 수 있었다고 생각하지 않는다.

지금 나는 정원사인데, 내가 그 프로그램을 시작할 때는 정원사가 아니었다. 자라나는 것을 보고 선하고 가치 있는 어떤 것을 할 수 있다는 것은 그들로 하여금 자신들도 선하고 가치 있다고 느끼게 해 줄 것이다. 그들 대다수는 마약중독과 전과 때문에 자신들이 선한 무엇인가를 할 수 있다는 생각을 갖지 못했었다. 그들이 대부분은 출감하면 똑바로 당신을 쳐다볼 수 없을 것이다. 그들은 고개를 떨어뜨리고 만다. 그들이 말할 때 당신은 겨우 소리를 들을 수 있을 정도이다. 그러나 그 프로그램을 마친 후에는 그들도 점차 똑바로 걷기 시작하며, 시금치와 감자를 보고 매우 신이 나서 할 것이다. 내가 시금치나, 감자, 약초, 꽃 등을 가지고 하고 싶은 일은 우리가 이런 것들에게 생명을 준 것처럼, 당신도 새 삶을 살 수 있다는 것을 그들에게 보여주려는 것이다." 이 프로그램은 대단한 효과가 있어서 이전의 수감자들을 위한 또 다른 정원을 만들 정도로 확장되었으며, 샌프란시스코 전역에서 전과자들은 나무를 심고 돌보고 있다.

Clinebell(1994). 『생태요법』에서 발췌

언급한 바와 같이 위의 사례에서도 치료사의 신념체계라는 원예치료에서 중요한 요소를 발견할 수 있다. 치료사는 대상자들이 식물 기르기에서 배우는 것처럼 인격적으로 자랄 수 있는 그들의 능력을 신뢰해야만 가능한 일이다.

3) 정형외과

정형외과에서 적용할 수 있는 원예치료는 신체적 재활을 주요 목적으로 삼게 된다. 원예치료에 참여함으로써 신체적 기능을 향상시킬 수 있는 훈련에 참여할 수 있으며, 이것을 통해 기능의 향상을 도모하는 것이다. 원예치료가 이루어지기 위해서는 대상자의 상태와 특성에 적절한 수준에서의 활동 계획 및 설계가 필수적으로 요구된다. 대상자의 기능 수준에 적절한 운동 범위와 기구의 선택 및 식물의 선택이 전문적 시각에서 설계되어야 하므로 치료사에게 있어서는 수준 높은 대상자에 대한 이해를 요구하게 되는 분야 중 하나이다. 또한 대상자에 대한 세밀하고 자세한 진단 평가가 필수적이며, 다른 분야의 전문가들과의 협력을 통해 설계되어야 할 것이다.

원예치료가 정형외과에서 적용될 때 특징적인 것은 대상자들에게 있어서 기계를 이용한 훈련이 아닌 살아 있는 식물을 양육하고 돌보는 행동 속에 포함되어 있는 훈련이기 때문에 그것의 의미가 풍부하다는 것이다. 원예치료를 통한 재활은 자신의 행위가 살아 있는 생명체에게 도움을 주며, 그것이 건강하게 성장해 나가는 모습을 통한 피드백은 곧 돌보는 자신에 대한 실제적인 자각이 이루어질 수 있고 이것은 스스로 삶의 의미와 희망을 보고 자신의 상태를 개선시키고자 하는 의욕을 창출해 내는 매력적인 활동이 될 것이다. 즉, 정형외과에서 재활을 위한 훈련의 도구로 사용되는 원예치료에서 중요한 요소이자 가장 큰 매력은 대상자로 하여금 희망과 의욕을 갖게 하는 것이다. 원예치료사는 이러한 부분에 대한 깊이 있는 이해와 더불어 그것을 치료 프로그램에 담아내는 것이 중요하다.

영국의 국립 정형외과 병원에서 이루어진 척추 손상 환자를 대상으로 한 원예치료에 참가한 대상자들의 보고는 이와 같은 특징을 잘 보여주는 사례이다.

영국 국립 정형외과 병원에서의 사례

영국 국립 정형외과 병원의 원예치료사 크레아에 의해 입원 중 원예치료에 참여한 가틴 씨는 원예치료에 대해 다음과 같이 말하였다. "원래 정원 일이 좋아서 사고 전에는 하루의 바쁜 일과를 끝내고 긴장 완화를 하는 하나의 수단이었는데, 목뼈의 골절로 인하여 휠체어를 의지하고부터는 아무것도 할 수 없다고 생각하였다. 그러나 원예치료를 통해 이것은 단지 방법상의 문제라는 것을 알았고, 이로써 원예치료는 병원 생활 가운데 중요한 위치를 차지하게 되었다. 겨울 동안, 정원 가꾸기 클럽의 친구들이 정기적으로 모여 실내 정원 가꾸기부터 여름 화단용 초화의 파종에 이르기까지 폭넓은 활동이 가능하게 되었다. 나는 병원의 온실을 자주 이용하게 되었고 식물을 관상하거나 책이나 잡지를 읽으면서 시간을 보내게 되었다. 원예치료사 크레아는 언제나 다정하고, 그녀에게 도움을 받으면서 나는 페튜니아의 실생묘를 솎아 내거나 물을 주고 있다.

규칙적으로 원예치료를 받음에 따라 균형감각이나 물건 사용법을 향상시킬 수 있었다. 무엇보다도 많은 무의미한 운동과 달리 원예치료에서는 결과와 장래에 대한 기대를 가질 수 있었다. 페튜니아는 집에 가지고 가 높은 화단에 심었다. 구멍을 파거나 과수를 전정하거나 채소를 심는 것은 이제 할 수 없지만 정원을 즐기는 것은 아직도 가능하다. 힘을 이용한 일은 할 수 없기 때문에 용기정원에 허브, 패튜니아, 제라늄, 팬지, 프랜치 메리골드 등을 심어서 여러 가지 장식을 즐기고 있다. 개인으로는 장애에 맞추어 정원을 개조하는 것은 경제적으로도 힘들지만 원예치료를 통하여 배운 생각은 매우 도움이 되고 정원에 대한 관심을 잃지 않게 되었다. 친구가 소형의 포크를 가죽 벨트로 나의 팔에 고정할 수 있도록 개조해 주었다. 이것으로 우리 집의 간이 정원의 제초도 가능하게 되었고 물주기도 가능하다. 그래서 결과가 기대된다."

구롯세 세츠코(1997). 『원예요법』에서 발췌

원예치료에 참여함으로써 정형외과적 재활이 요구되는 대상자는 실제적인 재활의 훈련을 받게 됨과 동시에 원예적 기술을 습득하게 된다. 그리고 이와 더불어 위의 사례에서 볼 수 있듯이 대상자들은 현재 자신의 상황에 대한 실제적인 자각과 개선하려 하는 의지, 그리고 삶에 대한 희망 등을 얻게 된다. 이것이 재활에서의 원예치료가 궁극적으로 접근해야 하는 중요한 부분이 된다.

참고문헌

고려대학교 부설 행동과학연구소(1998). **심리학 핸드북**. 서울: 학지사.

곽병화(1996). **화훼원예총론**. 서울: 향문사.

구롯세 세츠코 편저(1997). **원예요법**(심우경, 김은일, 송태갑 공역). 서울: 서일.

권영명 외(1997). **식물생리학**. 서울: 아카데미서적.

김민남(1990). **도덕발달이론 -Kohlberg-** . 서울: 교육과학사.

김승국 외 (1999). **정신지체 아동 교육의 이론과 실제**. 서울: 도서출판 특수교육.

김영항(1995). **정신지체아의 심리**. 서울: 도서출판 특수교육.

김정희 외(1998). **심리학의 이해**. 서울: 학지사.

김종천(1997). **원예학원론**. 서울: 건국대학교 출판부.

김종천, 고광출, 김귀래, 이재창(1997). **과수원예총론**. 서울: 향문사.

도쿠노 가진(2002). **무농약 건강 채소 기르기**. 서울: 동학사.

박경숙(1995). **감각통합의 원리와 지도 방법**. 서울: 특수교육.

박경애(1998). **인지 · 정서 · 행동치료**. 서울: 학지사.

박아청(1990). **자아실현의 심리**. -Maslow- 서울: 교육과학사.

박이문(2002). **환경철학**. 서울: 미다스북스.

山本 寬(1995). 作業療法て園藝-現象學的 作業 分析- **作業療法** 14: 17-23.

서정근(1998). **생활원예이야기**. 서울: 단국대학교 출판부.

서정근 외(2000). **원예치료학**. 서울: 단국대학교출판부.

손기철 외(1997). **원예치료**. 서울: 도서출판 서원.
송명자(2002). **발달심리학**. 서울: 학지사
송인섭(1997). **연구방법론**. 서울: 상조사.
안냐 끌레미히(2002). **실내화초 기르기**(박규호 역). 서울: 베텔스만 코리아.
윤평섭(1989). **학국원예 식물도감**. 서울: 지식산업사.
———(1997). **환경미학**. 서울: 문운당.
이길상(1994). **성서에서 본 자연치유력과 건강법**. 서울: 기독교문사.
이동석, 김신근(1997). **약의 역사**. 서울: 서울대학교 출판부.
이별일 외 공저(1996). **시설원예학**. 서울: 향문사.
이영호 역(2001). **임상심리학 입문**. 서울: 학지사.
이정석, 윤평섭(1997). **자생식물학**. 서울:서일.
임귀혁(2000). **교육심리학**. 서울: 학지사.
장상호(1991). **발생적 인식론과 교육** -Piaget-. 서울: 교육과학사.
장영선(1979). **서양조경사**. 서울: 명보문화사.
전국 귀농 운동본부 엮음(2001). **도시 사람을 위한 주말 농사 텃밭 가꾸기**. 서울: 들녘.
정옥분(2000). **성인발달의 이해**. 서울: 학지사.
조벽(2001). **조벽 교수의 명강의 노하우와 노와이**. 서울: 해냄.
조태동(1998). **허브**. 서울: 태원사.
최성애(2000). **인간커뮤니케이션**. 서울: 한단북스.
최영애, 손기철(1998). 유치원에서 놀이정원이 아동의 지능발달에 미치는 영향, pp.100-114. **원예활동의 심신치료적 효과**. 서울: 도서출판 서원.
————(1999). 아동에게 적용할 수 있는 다양한 원예활동 프로그램, pp.79-99. **원예치료의 적용과 실제**. 서울: 도서출판 서원.
탁광일 편(1998). **숲과 자연교육**. 서울: 수문출판사.

Allen, J. (1988a). *Gardening as a second language*. National Gardening, National Gardening Association, Burlingtion, VT. October.
——— (1989). *Gardening PROUD: At the busy bees 4-H youth garden in Littleton, Colorado, kids reap harest of flowers, vegetable and self-esteem*. National Gardening, National Gardening Association,

Burlingtion, VT. March.

——(1989b). *Root 'N' Shoot.* National Gardening, National Gardening Association, Burlingtion, VT. December.

Alta Vista College. (1990). *Alta Vista Curriculum.* Instructor's Handbook. CA: Madera.

——————(1990). *Plants.* CA: Madera.

Amason, T. G. (1994). Horticultule as a therapeutic modality for children and adolescents. *The Albama Pediatrician Vol. 13.*

American cancer Society (1996). *Cancer facts and figure*-1996. Atlanta, GA: Author.

Atlenborough, A. (1995). **식물의 사생활**(과학세대 역). 서울: 까치.

Bogdan, R. C., & Biklen, S. K. (1982). *Qualitative Research for Education: An Introduction to Theory and Methods*, Boston: Allyn and Bacon.

Bradley, C. (1996). *Gardening project for kids.* Whitecap Books, Canada.

Butterfield, E. C, & Belmont, J. M. (1977). *Assessing and improving the cognitive functions of mentally retarded people.* In I. Bialer & M. Sternlizht (Eds). The Psychology of mental retardation: Issues and approaches. NY: Psychological Dimensions.

Capra, F. (1985). **새로운 과학과 문명의 전환**(이성범, 구윤서 공역). 서울: 범양사 출판부.

———(1998). **생명의 그물**(김용정, 김동광 공역). 서울: 범양사 출판부.

Chamber, N. K., Johansson, S. & Walcavage, D. M. (1996). Classroom? playground? garden? or clinic? *J. of Therapeutic Horticulture, 8*: 83-87.

Chance, P. (1999). **학습과 행동**(박소현, 김문수 공역). 서울: 시그마프레스.

Charles, W. (1998). **발달정신 병리학**(이춘재 외 공역). 서울: 중앙적성 출판사.

Clinebell, H. (1998). **생태요법**(오성춘, 김의식 공역). 서울: 한국장로교 출판사.

Corbin, J., & Strauss, A. (2001). **근거이론의 단계**(신경림 역). 서울: 현문사.

David, W. M. (2001). **심리학 실험법**(김민식, 감기택 공역). 서울: 시그마프레스.

Davis, S. (1986). Involvement, diversity and repetition: The keys to developing a children' s garden. *People Plant Connection Vol. 13.* Issue 3 March.

——— (1994). *Therapy in the garden for people of all ages.* American Horticulturist. July.

DeVries, R., & Zan, B. (1994). *Moral classroom, moral children,* Teachers College Press, N.Y.

DeVries, R., & Kohlberg, L. (1987). *Programs of early education*: The constructivist view, Longman Inc, N.Y.

Diane, R. (1995). *Garden crafts for kids; 50 great reason to get your hands dirty.* Sterling, N.Y.

Doutt, K. M., Airhart, D. L., & Willis, T. W. (1989). Horticulture therapy activities for exceptional children. *J. of Therapeutic Horticulture, 14*: 10-14.

Eberbach, C. (1987). *Garden*: From a child' s view an interpretation of children' s art-work. *J. of Therapeutic Horticulture, 2*: 9-16.

——— (1992). *Children' s gardens*: The meaning of place. In: D. Relf (Ed.) The Role of horticulture in human well-being and social development, Timber Press, Portland, Ore.

Ellis, N. R., Deacon, J. R., & Wooldbridge, P. W. (1985). *Structural memory deficits of mentally retarded persons.* American Journal of Mental Deficiency.

Flavell, J. H., Miller, P. H., & Miller, S. A. (1999) **인지 발달**(정영숙 역). 서울: 나남출판.

Gerald, C. D., & John M. N. (1997). **이상심리학**(이봉건 역). 서울: 시그마프레스.

Gleitman, H. (1999). **심리학 입문**(장현갑 외 편역). 서울: 시그마프레스.

Goldstein, E. B. (2000). **감각과 지각**(정찬섭 외 공역). 서울: 시그마프레스.

Green, K. (1994). *Encouraging nurturing behavior of two to seven years olds by introducing plants and flowers*, pp.395-407. In: F. Joel and R. P. Poincelot (Eds.). People-plants relationships; Setting research priorities. Food products Press, N.Y.

Hart, A., & mantell. P, (1996). *Kids Garden.* Williamson Publishing Co, Vermont.

Herd, M. (1997). *In the garden; Games, crafts, and activities for children.* Barron's educational series, N.Y.

Hewson, M. L. (1994). *Horticulture as Therapy.* Guelph, Ontario Canada.

Hoffman, E., & Castro-Blanco, D. (1988). Horticulture therapy with a four-year-old boy: A case Report. *J. of Therapeutic Horticulture, 3*: 3-8.

Isasc, S. (1997). *Handbook in research and education.* San Diego: Edits Publishers.

Janick, J. (1992). *Horticulture and Human Culture.* In: D. Relf (Ed.) The Role of horticulture in human well-being and social development, Timber Press, Portland, Ore.

Jonas, H. (2001). **생명의 원리 - 철학적 생물학을 위한 접근**(한정선 역). 서울: 서울 아카넷.

Jung, C. G. (1988). **사람과 상징**(정영목 역). 서울: 도서출판 까치.

Kaplan, R. (1973). Some psychological benefits of gardening. *Environmental Behavior, 5*: 145.

Kaplan, S. (1992). *The restorative environment: nature and human experience.* 134-142 In: D. Relf (Ed.) The Role of horticulture in human well-being and social development, Timber Press, Portland, Ore.

Kerlinger, F. N. (1986). *Foundatims of Behavioral research.* NY: University of Oregon.

Kohlberg, L. (1988). **도덕발달의 심리학**(김민남 역). 서울: 교육과학사.

Lewis, C. A. (1975). Nature City; Translating the natural environment into urban language. *The Morton Arboretum Quarterly, 11*(2):

17-21.

——— (1976). People - Plant Interaction: Human perspectives in horticulture. *Hort Science, 11*: 4-5.

——— (1992). *Effects of plants and gardening in creating interpersonal and community well-being.* In: D. Relf (Ed.) The Role of horticulture in human well-being and social development, Timber Press, Portland, Ore.

——— (1996). *Green nature/human nature: The meaning of plants in our lives.* Chicago: Univ. of Illinois Press.

Margaret, W. (1999). 공간의 역사(박인환 역). 서울: 생각의 나무.

Matsuo, E., & Miyajima, I. Up-to-date trend of horticulture therapy in Japan. Korean Society for Plants. *People and Environment, 1*: 22-33.

Mattson, R. (1997). *Human demensions of Horticulture.* Dept .of Horticulture Forestry and Recreation Resources, Kansas State Univ. Manhtton, Kansas, U.S.A.

——— (2002). *Improving personal Health and Wellness.* Holistic Health Recommendations for Horticultural Therapists. 한국원예치료협회 세미나.

Maturana, H. R., & Varela, F. J. (1995). 인식의 나무(최호영 역). 서울: 자작 아카데미.

McDonald, J. (1995) *A Comparative Study of the Horticultural therapy Professions in the U. K. and U.S.A.* The Royal Bath and West of England Society.

Montessori, M. (1964). *The Montessori method,* Schocken Books, N.Y.

Moore, B. (1989). *Growing with gardening,* The university of North Carolina Press.

Moore, R. C. (1996). Compact nature; The role of playing and learning garden on children's lives. *J. of Therapeutic Horticulture, 8*: 72-82.

Morgan, B. (1993). *Growing Together: Activities to use in your horticulture and horticulture therapy program for children.* Pittsburgh Civic Garden Center, Pittsburgh.

Maslow, A. H. (1970). *Motivation and Personality* (2nd ed). New York: Harper Row.

——— (1981). **존재의 심리학**(이혜성 역). 서울: 이화여자대학교 출판부.

Nettelbeck, T. (1985). Inspection time and mild mental retardation. In N. R. Ellis & N. W. Bray (Eds.), *International review of research in mental retardation* (Vol. 13). NY: Academic Press.

Phares, J. E. (1998). **성격심리학**(홍숙기 역) 서울: 박영사.

Pulaski, M.A.S. (1990). **어린이를 위한 피아제 이해**(이기숙, 주영희 공역). 서울: 창지사,.

Relf, D. (1979). Horticulture: A Therapeutic Tool. Rehab. *Lit, 39*(1):27-29.

——— (1981). Dynamics of horticultural therapy. Rehab. *Lit, 42*(5-6): 147-150.

——— (1992). Human Issues in horticulture. *Hort Technology, 2*(2): 159-171.

——— (1998). The role of horticulture in human well-being and quality of life. Korean Society for Plants, *People and Environment, 1*: 12-21.

Richard, M. R. (1996). **마인드**(박소현 역). 서울: 이론과 실천.

Robert, J. L. (1994). **억압받는 사람들을 위한 연극치료**(이효원 역). 서울: 도서출판 울력.

Robert, L. E., & Pavid, A. F. (1991). *Essentials of Educational Measurement* (5th ed). Iowa: Preutice Hall.

Robert, S. S. (1995). **아동사고의 발달**(박영신 역). 서울: 한국학술 진흥 재단 번역총서 185.

Sanders, E. (1990). *One to grow on*, Organic Gardening. December, 1990.

Stewart, I. (1996). **자연의 수학적 본성**. 서울: 동아출판.

Simson, S. P., & Straus, M. (1998). *Horticulture as therapy: Principles and practice*. The Food products Press, N.Y.

Susanne, P. (2002). **식물은 우리에게 무엇인가**(김숙희 역). 서울: 풀빛.

Thomas, G. P. (2000). **현대 임상심리학**(손정락 역). 서울: 시그마프레스.

Tompkins, P., & Bird, C. (1972). **식물의 정신세계**(황금용, 황정민 공역). 서울: 정신세계사.

Ulrich, R. S. (1981). Natural versus urban scences: some psychological effects. *Environmental Behavior, 13*: 523-556.

——— (1984). View through a window may influence recovery from surgery. *Science, 224*(4647): 420-421.

Ulrich, R. S., & Parson, R. (1992). *Influence of passive experience with plants individual well-being and health*. In: D. Relf (Ed.) The Role of horticulture in human well-being and social development, Timber Press, Portland, Ore.

Victor, P. (1995). **녹색위기**(조영식 역). 서울: 조형교육.

Weil, A. (1995). **자연치유**(김옥분 역). 서울: 정신세계사.

———(1997). **최상의 건강으로 가는 8주간의 전략**(이은선 역). 서울: 홍익출판사.

William, B. D., Kate, E. G., & Michael, H. T. (1999). **음악치료학개론**(김수지, 고일주, 권혜경 공역). 서울: 권혜경 음악치료센터.

Woolfolk, A. E. (1997). **교육심리학**(김아영, 백화정, 설인자, 양혜경, 이선자, 정명숙 공역). 서울: 학문사.

Zeaman, D., & Hanley, P. (1983). Stimulus preference as structural features. In T. J. Tighe & B. E. Shepp (Eds), *Perception, cognition and development*. Hillsdale, NJ: Erlbaum.

찾아보기

인 명

내 용

식 물

◉ 저자 소개 ◉

최영애(崔永愛)

숙명여자대학교 가정대학 졸업
숙명여자대학교 교육대학원 유아교육 전공 교육학 석사
미국 Chicago DePaul University Montessori teacher basic training course 수료
미국 Huston University Constructive Education course 수료
건국대학교 농축대학원 원예치료 전공 농학 석사
단국대학교 대학원 원예치료 전공 원예치료학 박사

현 최영애 원예치료연구소장
단국대학교, 서울여자대학교, 서울교육대학교 출강
대한원예치료협회 회장

저서 및 역서: 『도시농업』(공저, 학지사, 2006)
『치유의 풍경』(공역, 학지사, 2010)
『원예치료 방법』(역, 학지사, 2010)

학술 논문: 「원예치료 실행에서 식물양육에 대한 이론적 모델」
「부모의 양육스트레스 경감을 위한 원예치료 프로그램 개발과 효과에 관한 연구」
「실행에서 찾아낸 원예치료의 평행적 주제들」 외 다수

홈페이지: www.choiyoungae.com
카페: 네이버 카페/대한원예치료협회

원예치료

2003년 2월 25일 1판 1쇄 발행
2021년 9월 25일 1판 11쇄 발행

지은이 • 최 영 애
펴낸이 • 김 진 환
펴낸곳 • (주) 학지사
04031 서울특별시 마포구 양화로 15길 20 마인드월드빌딩 5층
대표전화 • 02) 330-5114　　팩스 • 02) 324-2345
등록번호 • 제313-2006-000265호
홈페이지 • http://www.hakjisa.co.kr
페이스북 • https://www.facebook.com/hakjisabook

ISBN 978-89-7548-817-7 93180

정가 9,000원